Harald Lesch
Was hat das Universum mit mir zu tun?

HARALD LESCH

Was hat das Universum mit mir zu tun?

Nachrichten vom Rande
der erkennbaren Welt

C. Bertelsmann

greenprint*
klimapositiv gedruckt

MIX
Papier aus verantwor-
tungsvollen Quellen
FSC® C005108

Verlagsgruppe Random House FSC® N001967

Höchster Standard für Ökoeffektivität.
Cradle to Cradle™ zertifizierte
Druckprodukte innovated by gugler*.
Bindung ausgenommen

4. Auflage
© 2019 C. Bertelsmann Verlag, München,
in der Verlagsgruppe Random House GmbH,
Neumarkter Str. 28, 81673 München
Umschlaggestaltung: Büro Jorge Schmidt, München
Satz: Greiner & Reichel, Köln
Druck und Bindung: Gugler GmbH, 3900 Melk, Österreich
Printed in Austria
ISBN 978-3-570-10334-0

www.cbertelsmann.de

INHALT

PROLOG

Das ist jetzt ein ganz besonderer Moment: Sie haben sich mein Buch vorgenommen und lesen die ersten Sätze. Hier entscheidet sich, ob Sie weiterlesen oder den Text wieder zur Seite legen. Ein konspirativer Moment ist das, ein Moment, in dem Sie sich möglicherweise darauf einlassen, mir in eine faszinierende Welt zu folgen, in die Welt der Astronomie, des gestirnten Himmels über uns, des Universums, des Kosmos oder, wie wir in Deutschland auch sagen: in die Welt des Weltraums.

Ich weiß von meinen Vorträgen, dass sich viele Menschen für dieses Wunderwerk Universum interessieren, für die beeindruckenden Vorgänge dort, die explodierenden Sterne, die Roten Riesen, die Weißen Zwerge und die Schwarzen Löcher, aber auch für die Planeten und Galaxien. Für mich besteht die große Faszination in der direkten Verbindung der Physik hier auf der Erde mit den Prozessen im Himmel. Dass wir überhaupt so etwas wie Astrophysik betreiben können, also der Natur der Himmelsvorgänge wissenschaftlich präzise nachgehen können, liegt in der Tatsache begründet, dass die Natur ein Ganzes darstellt. Es ist nämlich so, dass es eigentlich gar keine wirklichen Grenzen zwischen uns, unserer Umwelt hier auf unserem Planeten und dem Weltall gibt. Am Boden eines Luftmeeres leben wir am Ufer des kosmischen Ozeans, der sich über unseren Köpfen in riesige Entfernungen erstreckt.

Unser Leben auf der Erde ist heute geprägt von einer großen Distanz zwischen Alltag und Natur. In unserer unmittelbaren Umgebung hat sich Technologie in vielen Varianten ausgebreitet. Sie ersetzt unsere körperlichen und inzwischen auch viele unserer geistigen Fähigkeiten. Maschinen sind stärker, schneller und größer als Menschen, und Algorithmen und Computer können mehr Informationen speichern, als es je ein Mensch vermag. Diese Technik ist jedoch das Ergebnis wissenschaftlicher Grundlagenforschung. Die großartigen Erkenntnisse aus Theorie und Praxis der Physik über die fundamentalen Eigenschaften der Materie und ihrer Wechselwirkung mit elektromagnetischer Strahlung versetzen uns heute in die Lage, unsere Umwelt stärker denn je zu gestalten. Wobei Kontrolle und Steuerung natürlicher Prozesse unser wesentliches Ziel darstellen. Dass diese Kontrolle der Natur an ihre Grenzen kommt, mag ein einfaches Beispiel illustrieren: Drei Menschen in einem Raum voll hoch entwickelten technischen Geräts. Eine Person liegt ohne Bewusstsein im Bett. Mittels verschiedener Röhren und Kabel ist sie an blinkende Monitore und leise piepsende Sensoren angeschlossen. Die Besucher stehen vor dem Bett und schweigen. So etwa hätte Edward Hopper eine moderne Intensivstation dargestellt. Hier tun sich existenzielle Abgründe auf, die das Spannungsfeld von Mensch und Naturwissenschaften beispielhaft charakterisieren.

Einerseits leben wir also in einer Welt der Technik, der physikalischen Grundlagenforschung, in Form von digitaler Messelektronik, von Computern, Kernspintomografen, Röntgenapparaten und medizinischer Nanotechnologie. Die neuesten Erkenntnisse der Physik der Materie und der Quantenmechanik sind in die Konstruktion dieser Apparaturen eingeflossen, ohne welche die Medizin von heute gar nicht möglich wäre. Andererseits stehen hier die beiden Besucher. Ihnen liegt etwas an dem Schwerkranken, der da den Apparaten ausgeliefert zu sein scheint. Sie sind natürlich froh über die hilfreichen Geräte, die offenbar dem Kranken helfen. Und doch: Hier stehen zwei Menschen, die vor allem eines tun: hoffen. Die Hoffnungen und die Ängste dieser beiden Besucher spiegeln sich förmlich in den Monitoren der Geräte. Da prallen zwei Welten aufeinander: Die Einzigartigkeit des Individuums stößt hier auf die reproduzierbare, zeitlose, immer gleich arbeitende Welt der Dinge.

Unsere moderne Wirklichkeit ist geprägt von dieser täglichen Auseinandersetzung zwischen dem Subjekt mit seinen Hoffnungen, Träumen und Ängsten einerseits und der emotionsfreien, rationalen, mathematisch-physikalisch formulierten Welt der Naturgesetze und vor allem deren technischen Anwendungen andererseits. Die Verbindung dieser beiden Aspekte von Wirklichkeit ist meiner Ansicht nach eine unerlässliche Voraussetzung für eine menschenfreundliche Zukunft, die beides berücksichtigt: die mathematische, objektive Gesetzlichkeit der Natur und die einmalige, unwiederholbare Würde des einzelnen Menschen.

Der Mensch jedoch ist immer noch gefangen im Widerspruch zwischen der nützlichen Wissenschaft in ihrer direkten, konkreten Bedeutung als Quelle für neue technische Möglichkeiten einerseits und der Natur andererseits, mit der man nicht kommunizieren kann und die auf Veränderungen durch veränderte Reaktionen reagiert, die uns oft genug nicht gefallen. Doch überheblich, wie wir Menschen sind, glauben wir eben nicht mehr an absolute Gegebenheiten, die einfach nur existieren, sprachlos und mächtig. Wir glauben, dass wir alles im Griff hätten, auch das, was sich nicht greifen lässt. Die Natur ist ein Ganzes, ein ganz altes Ganzes. Und am ältesten und von uns am wenigsten veränderbar und kontrollierbar ist diese Natur eben im Universum. Die Objekte dort sind übermenschlich groß und abartig weit entfernt, und fast ewig für unser Zeitverständnis dauern die Prozesse zwischen den Galaxien.

Gerade die moderne Astronomie mit ihrer Erweiterung über das sichtbare Licht hinaus hat in den letzten Jahren wichtige Erkenntnisse darüber gewonnen, welche kosmischen Netzwerke an Verbindungen und Wechselwirkungen existieren beziehungsweise Voraussetzung dafür sind, dass es überhaupt Leben im Universum geben kann. Ein ganz neues Weltbild ist da im Entstehen, in dem die Stellung des Menschen im Universum ganz neu verortet wird. Angesichts der aberwitzigen Distanzen, der dramatischen Leere des Kosmos und der absurden Geschwindigkeiten und Materiezustände bietet uns die Astronomie den womöglich tiefsten Einblick in die Natur, der Menschen überhaupt möglich ist. Und davon will ich berichten. Diese direkten Verbindungen zwischen uns und dem Universum aufzuzeigen ist mein zentrales Anliegen. Ich möchte davon berichten, was uns Menschen, unseren Planeten, einfach alles, was für unser Hiersein wichtig ist, mit dem ganzen Universum verbindet. Kurzum: was das Universum mit uns zu tun hat.

Auf dem YouTube-Kanal »Urknall-Weltall-Leben« finden Sie in der Playlist »Harald Lesch Kosmologie« begleitende Videos zu den einzelnen Kapiteln. Mit Hilfe des nebenstehenden QR-Codes oder direkt über https://link.video-wissen.de/CBertelsmann-Lesch/0/ gelangen Sie bequem dorthin, oder Sie wählen die Videos kapitelweise anhand der QR-Codes unter den jeweiligen Überschriften.

1

EINE VIEL ZU KURZE GESCHICHTE
DER ASTRONOMIE

*»Mit wachsender Entfernung nimmt unser Wissen ab, und es
nimmt rasch ab, bis wir am letzten verschwommenen Horizont
zwischen geisterhaften Beobachtungsfehlern nach Orientierungs-
punkten tasten, die kaum noch Substanz besitzen. Die Suche wird
weitergehen. Der Trieb ist älter als die Geschichte, und solange
er unbefriedigt bleibt, wird er sich nicht unterdrücken lassen.«
(Edwin Hubble)*

Der Trieb, das Universum zu erkunden und es zu verstehen, ist so
alt wie die Menschheit. Nicht umsonst gilt die Astronomie als die
älteste aller Naturwissenschaften. Der gestirnte Himmel über uns
hat uns schon immer interessiert. Anfangs war er noch erfüllt von
Göttern. Mit der Erkenntnis, dass der Mensch das Universum auch
ohne göttlichen Beistand verstehen kann, gewann astronomische
Forschung immer größere Bedeutung. Die Vorstellung, dass die
ganze Welt zu erklären vermag, wer die Abläufe am Himmel erklären kann, hat von jeher die Faszination astronomischer Forschung ausgemacht. Deshalb hat sich mit jedem neuen »Heureka«
das Weltbild nicht nur der Astronomie, sondern auch einer ganzen
Kultur verändert. Allerdings kann jede Beschreibung des jeweils ak-
tuellen astronomischen Weltbilds immer nur ein Zwischenbericht
sein, was Niels Bohr sehr treffend folgendermaßen zusammengefasst hat: »Alles ist möglich im Universum, wenn es nur genügend unvernünftig zu sein scheint.«

Wo soll man beginnen bei einer Wissenschaft, die nach dem Ganzen fragt? Die Astronomie des 21. Jahrhunderts ist keine benennende Wissenschaft mehr, sondern eine fragende, eine, die versucht zu erkennen und zu verstehen, wie die Welt, wie das All als Ganzes entstanden sind. Sie fragt nach der Entwicklung des Universums und letztendlich nach den elementaren Grundgesetzen, die das All beherrschen. Es geht um Zusammenhänge, die Physik der Beziehungen, und nicht mehr um einzelne Sterne oder Galaxien. Begriffe wie »Evolution« und »Komplexität« tauchen heutzutage in fast jedem astronomischen Fachartikel auf. Was ist der Grund für diese Veränderung der ehemals nur schauenden Wissenschaft vom Himmel hin zur Astrophysik als angewandter Physik?

Diese Verwandlung der Astronomie begann mit dem Blick durch das Fernrohr. Hier bissen die Hunde nicht den Letzten, sondern den Ersten, der den Blick wagte, als nämlich Galileo Galilei 1610 den Inquisitoren des Vatikans anbot, doch selbst zu schauen, wenn sie ihm nicht glaubten. Diese lehnten es ab, weil ihrer Meinung nach dieses merkwürdige Rohr die Wirklichkeit nicht zeigt, ja nicht zeigen konnte – die theologische Wirklichkeit wohlgemerkt. Galilei widerrief, aber das nutzte nichts. Aus Sicht der Theologen war die Büchse der Pandora geöffnet, und sie war nicht mehr zu schließen. Was in den folgenden Jahrhunderten in der Astronomie passierte, war die konsequente und unmittelbare Anwendung ganz irdischer Physik auf die Vorgänge im Universum, immer unter Verwendung neuer und neuester Technologien. Das Fernrohr Galileis wurde in den folgenden 400 Jahren zum perfekten Lichtsammelapparat ausgebaut, der mit gewaltigen Spiegeln und Linsensystemen das sichtbare Licht der Sterne und Galaxien analysiert. Mithilfe höchst sensibler und empfindlicher Materialien wurde das menschliche Auge ersetzt durch Filme und heute eben durch digitale Chips. Niemand schaut heute noch so wie Galilei einfach so durchs Fernrohr. Heute ist die Astronomie Hightech auf allerhöchstem Niveau. Computer steuern die Teleskope, analysieren die elektromagnetische Strahlung und entdecken selbst allerschwächste Quellen in fast nicht mehr zu beschreibenden Entfernungen. Und die Astronomie ist längst mehr als Lichtanalyse im Sichtbaren.

Jenseits der optischen Strahlung beginnt das Regime der reinen Weltraumastrophysik. Denn weder die Ultraviolettstrahlung noch die Röntgen- und Gammastrahlung erreichen die Erdoberfläche, Gott sei Dank! Wobei wir die Undurchlässigkeit der Atmosphäre gegenüber der UV-Strahlung gerade in einem planetaren Groß-experiment stark verringern, indem wir die Ozonschicht, die diesen UV-Schutzschirm darstellt, einfach zerstören. Für die UV-Astronomie könnten also in Zukunft tolle Zeiten anbrechen.

Die hochenergetische Strahlung wird durch Satelliten aufgenommen. Diese Abteilung der kosmischen Boten bringt uns Neuigkeiten über Leichen – über Sternleichen. Die Überreste von großen Sternen – Pulsaren und Schwarzen Löchern – erscheinen am Himmel der Gamma- und Röntgenastronomen als besonders helle Quellen. Hier wird so viel Energie freigesetzt, dass diese Sternleichen sogar miteinander verschmelzen müssen, um solche Leuchtkräfte zu produzieren.

Nach dieser Tour de Force durch die beobachtende Astronomie nun zum Weltbild der Astrophysiker. Nein, zuerst ein paar Bemerkungen zu den Voraussetzungen naturwissenschaftlicher Weltbilder im Allgemeinen. Was macht Naturwissenschaftler eigentlich so sicher, dass die Daten, die sie aus Experimenten oder Beobachtungen erhalten, irgendetwas mit der Wirklichkeit, der Realität zu tun haben? Wenn es nicht wahr ist, ist es sehr gut erfunden, sagte schon Giordano Bruno. Sind die Naturgesetze tatsächlich nur sehr gut erfunden? Worauf begründet sich die Zuversicht der Naturwissenschaftler?

Das Vertrauen auf die naturwissenschaftliche Methode speist sich aus den unzähligen Erfolgen, die dieses Verfahren schon zu verzeichnen hat. Beobachtungen und Experimente verlangen nach Erklärungen. Modelle und Theorien, die nicht nur die bereits vorhandenen Daten befriedigend erklären, sondern darüber hinaus auch Vorhersagen über bis dahin unbekannte Phänomene machen, die dann nach der Formulierung der Theorie gefunden werden, sind einfach sehr attraktiv. Und je häufiger sich dieses »Spiel« zwischen Theorie und Experiment erfolgreich wiederholt, desto mehr Vertrauen haben wir in die Spielregeln. Die Spielregeln, das sind die grundlegenden Naturgesetze.

Seit wir das »Spiel« begonnen haben, hat sich keiner der elementaren Grundbausteine als falsch erwiesen, immer nur als zu verallgemeinernd. Unser Weltbild ändert sich nicht sprunghaft, sondern neue Bausteine werden eingebaut und bis an die Grenzen ihrer Belastbarkeit getestet. Die Kohärenz (hier: die Stimmigkeit) des naturwissenschaftlichen Weltbilds beruht auf zwei sich ständig gegenseitig stützenden Säulen, die in ihrer jeweiligen Dynamik eng miteinander verbunden sind: Theorie und Experiment. Wir können sogar Experimente zur Frage durchführen, ob sich die Naturgesetze mit der Zeit ändern, ob also das frühe Universum von anderen Regeln regiert wurde als das heutige. Obschon also das naturwissenschaftliche Weltbild ein eminent dynamisches ist, in dem sich pausenlos etwas verändert, bleibt es doch im Großen und Ganzen gleich. Man könnte es mit einem lebendigen Organismus vergleichen, dessen äußere Schale unverändert bleibt, dessen Inneres aber in einem dynamischen Fließgleichgewicht die Stabilität erst garantiert. Erst wenn diese Dynamik fehlt, bricht der Organismus tot zusammen. Die Naturwissenschaften werden sterben, wenn ihre lebendige Dynamik, ihr immerwährender kritischer Dialog zwischen Experiment/Beobachtung und Theorie verstummt. Wenn unser naturwissenschaftliches Weltbild »einfriert«, weil wir der Meinung sind, wir haben die Wahrheit gefunden, dann wird es zerspringen. Allerdings ist momentan dieser Dialog noch so laut und lebendig, dass wir einen »Phasensprung« im Weltbild, wie das von Ptolemäus zu Kopernikus der Fall war, zurzeit weitgehend ausschließen können.

Nun zum Anfang der Dinge, denn das Universum hatte einen Anfang. Es entwickelte sich aus einem sehr dichten und sehr heißen »Tag ohne Gestern« zu einem immer dünneren, immer kühleren Universum. Die physikalischen Kräfte (Schwerkraft, Kernkräfte und elektrische Kraft) »froren«, ähnlich wie Kristalle, aus dem heißen Ursprung aus. Es entstanden Atomkerne und Elektronen. Einige Minuten nach dem Anfang waren die Bestandteile alle vorhanden: Wasserstoff, Helium und Elektronen. Dazu kam jede Menge Licht, die Photonen – knapp 10 Milliarden Photonen auf ein Teilchen. Es gibt also im Universum viel mehr Licht als Schatten.

Diese Vorstellung von der Geburt des Alls ist in ihren Grundzügen heute durch Beobachtungen sehr gut abgestützt. Natürlich bleibt uns die *causa finalis* (endgültige Ursache) verborgen. Was vor dem Urknall war, ist kein Thema der modernen Astronomie, doch wir haben genügend klare Evidenzen für die Geburt des Ganzen. Wir schätzen, dass das Universum vor ca. 14 Milliarden Jahren entstanden ist, und wir wissen heute, abgesehen von den allgemeinen Eigenschaften des Universums, vor allem, dass mit seinem Beginn der Tanz der Materie begann.

Seit seiner Geburt expandiert das Universum. Der Big Bang ist das ganze expandierende All selbst. Raum und Zeit laufen seitdem gemeinsam. Durch die Expansion gibt es in unserem Universum einen Zeitpfeil, es gibt kein Zurück mehr, dieses unser Universum ist nicht reversibel, es wird sich nichts wiederholen. Mit jedem Tag wird es größer und kälter. Die Teleskope und Satelliten zeigen uns jeden Tag neue Entwicklungsphasen. Aus der elektromagnetischen Natur der Strahlung ergibt sich ihre Geschwindigkeit, nämlich Lichtgeschwindigkeit. Aber die ist nicht unendlich groß, sondern

Licht bewegt sich mit knapp 300 000 Kilometern pro Sekunde. Also braucht auch Licht Zeit, bis es zu uns gelangt. Und je tiefer wir ins All blicken, desto älter ist das Licht, das wir empfangen. Ein tieferer Blick ins All bedeutet also einen tieferen Blick zurück in die Vergangenheit. Heute können wir »sehen«, dass die Galaxien früher enger zusammenstanden und dass sie früher viel heller waren. Wir können die Temperatur des gesamten Universums in immer früheren Zeiten messen und stellen fest: Früher war es heißer. Wir sehen sogar den undurchdringlichen großen kosmischen Lichtvorhang, der es uns nicht erlaubt, in die Zeit kurz nach dem Urknall zu blicken. Zu dicht ist dieser Lichtnebel, zu stark werden die Lichtquanten gestreut. Sie, die kosmische Hintergrundstrahlung, ist der Beweis für den Anfang des Alls, denn sie ist der Überrest des Urknalls, der kalte Rest, mit einer Temperatur von −271 °C.

Und wir, wo steht der Mensch in diesem sehr kalten, sehr alten und fast leeren Kosmos? Was bedeuten die Erkenntnisse der modernen Astronomie eigentlich für uns? Das Universum hat sich wirklich sehr viel Arbeit gemacht mit uns, und die Erde ist ein ganz besonderer Platz im Universum.

Wenn Sie dieses Buch lesen und sich vielleicht sogar Gedanken darüber machen, dann vollziehen sich in Ihnen biochemische Prozesse, an denen Elemente wie zum Beispiel Kohlenstoff, Sauerstoff, Kalzium, Natrium und Kalium beteiligt sind. Diese Elemente gab es nicht schon immer, sondern sie wurden in kosmischen Schmelzöfen erbrütet. Die Sterne sind sehr erfolgreiche Alchimisten; sie gewinnen Energie aus der Verschmelzung von Atomkernen. Ihnen gelingt es, aus Wasserstoff Helium zu erbrüten, aus Helium Sauerstoff – die Kette reicht schließlich bis zum Eisen, dann bricht die Energieversorgung ab. Die meisten Sterne verlöschen einfach, ihre Leuchtkraft wird schwächer, sie verglühen langsam und behalten die erbrüteten Elemente bei sich. Große Sterne aber stürzen unter ihrem Gewicht zusammen und explodieren. In solchen

Explosionen am Ende ihres Lebens erzeugen große Sterne sogar Gold, Silber und Uran.

In Sternen werden Atomkerne miteinander verschmolzen. Alle Lebewesen auf der Erde bestehen zu 92 Prozent aus Sternenstaub. Wir bestehen also aus den Überresten von Sternexplosionen. Wenn Sterne die erbrüteten Elemente bei sich behielten, dann wäre dieses All sehr langweilig, es bestünde nach wie vor aus Wasserstoff und Helium. Die moderne Astronomie aber hat entdeckt, wie große Sterne in gewaltigen Explosionen ihre im Innern erzeugten schweren Elemente an das Universum zurückgeben. Gaswolken werden durch die Druckwellen der explodierten Sterne zusammengepresst und mit frischen schweren Elementen angereichert. Die Wolken stürzen unter ihrer eigenen Schwerkraft zusammen, neue Sterne entstehen, einige vergehen wieder in Explosionen, und der Kreislauf der Materie beginnt wieder von vorn.

Diese dynamischen Kreislaufprozesse bestimmen heute das Weltbild der Astronomie. Das gilt nicht nur für den Kreislauf der Materie, der uns zu Kindern der Milchstraße macht, sondern auch für Galaxien selbst. Galaxien werden von anderen Galaxien verschluckt, samt ihrem Gas zwischen den Sternen. Wenn es mehr Gas gibt, entstehen mehr Sterne, und es kommt zu regelrechten Sternentstehungsausbrüchen. Die Galaxien jagen dann ihre schweren Elemente sogar in den intergalaktischen Raum. Das ursprünglich heiße Material kühlt sich ab, fällt wieder auf eine Milchstraße und reichert diese mit schweren Elementen an.

Dieser Tanz der Materie musste bereits einige Milliarden Jahre ablaufen, bevor in unserer Milchstraße genügend schwere Elemente vorhanden waren und Sterne entstehen konnten – mit Planeten. In früheren Zeiten war das nämlich nicht möglich, da gab es viel zu wenig schwere Elemente. Heute entdecken wir Planetensysteme um andere Sterne, doch nur um diejenigen mit sehr vielen schweren Elementen. Diese extrasolaren Planetensysteme sind ganz anders als unser Sonnensystem: Die Bahnen der Planeten sind sehr »eiernd«, die Planeten sehr groß (wie Jupiter, der 317-mal so viel Masse wie die Erde hat) und sehr nahe an ihrem Muttergestirn. Wir wissen zwar noch nicht genau, wie solche Systeme entstanden sind, doch eines wissen wir jetzt sehr viel besser: Die Anordnung in unserem Sonnensystem (Jupiter weit draußen) ist nicht unbedingt der Normalfall. Die Entdeckung von anderen Planetensystemen ist eine der Sensationen der modernen Astronomie, denn wenn andere Planetensysteme existieren, dann gibt es vielleicht auch andere belebte Planeten. Im Mittelpunkt der Astronomie des 3. Jahrtausends steht die Suche nach Leben im Universum – nicht nach Ufos oder ETs, sondern nach biochemischen Anzeichen einer Lebensentwicklung um einen sonnennahen Stern. Früher gehörte dieses Thema den Science-Fiction-Autoren, heute gehört es uns.

Wir wissen also heute schon eine ganze Menge über die Entwicklung des Universums als Ganzes und vieler seiner Bestandteile. Wir wissen, dass Sterne geboren werden und sterben. Wir wissen, woher die Elemente kommen und wie der kosmische Materiekreislauf durch die Sternentstehungsphasen immer wieder mit neuem »Blut« versorgt wird. Wir wissen inzwischen sogar, dass es andere Planetensysteme gibt und ob außerirdisches Leben möglich ist. Scheinbar also haben wir viele leuchtende Beispiele für den Erfolg von astronomischer Forschung. Aber wissen wir denn wirklich schon so viel? Ist unser Weltbild denn jetzt komplett?

Leider nicht! Wir stehen in der Astronomie vor einer anscheinend undurchdringlichen Erkenntnisschranke. Denn es gibt auch eine dunkle Seite des Universums. Damit meine ich nicht den dunklen Nachthimmel oder den dunklen Raum zwischen den Sternen. Es geht um die sogenannte Dunkle Materie, deren Wirkung durch zahllose Beobachtungen zweifelsfrei bewiesen wurde. Es handelt sich bei ihr um eine Form von Materie, die sich nur durch ihr Gewicht und damit ihre Schwerkraftwirkung bemerkbar macht. Sie steht in keiner Weise in Wechselwirkung mit Strahlung, das heißt, sie absorbiert keine Strahlung. Trotzdem ist jede Milchstraße von einer Atmosphäre Dunkler Materie umgeben. Sie bestimmt sogar die Entstehung von Galaxien und Galaxienhaufen. Ohne die Schwerkraft der Dunklen Materie hätte sich in unserem Universum bis heute noch keine einzige Galaxie entwickelt. Es gäbe dann nur ein gleichmäßig verteiltes, sich aufgrund der kosmischen Expansion ständig verdünnendes Gas. Die Dunkle Materie stellt das Meer der Materie dar. Die leuchtende Materie, das Material, aus dem Galaxien, Sterne, Planeten und alle Lebewesen aufgebaut sind – das sind nur winzige Inseln in diesem Dunklen Meer der Dunklen Materie. Sie muss aus völlig anderen Teilchen bestehen als das, was wir kennen. Und es gibt keine plausible Lösung für dieses Problem.

Ein noch drängenderes Problem stellt die sogenannte Dunkle Energie dar, die für 70 Prozent des Energieinhaltes des Universums verantwortlich zeichnet. Seit einigen Jahren ergibt sich aus Beobachtungen weit entfernter Supernova-Explosionen folgendes, sehr merkwürdiges Bild: Das Universum expandiert beschleunigt. Seit ca. 8 Milliarden Jahren ist eine Kraft am Werk, die die Expansionsgeschwindigkeit des Raumes im All kontinuierlich erhöht. Offenbar ist damals die Energie der im Universum enthaltenen Masse unter den Wert der Dunklen Energie gefallen, was sehr folgenreich für die Entwicklung des Universums war. Masse bremst, aufgrund ihrer Schwerkraft, die Expansion des Universums ab. Das Überwiegen der Dunklen Energie seit damals hat deshalb die Expansion beschleunigt. Nur, was ist das, die Dunkle Energie? Wir wissen es nicht! Selbst die Quantenmechanik bietet hier keine Hilfe. Hier liegt die größte Herausforderung für die theoretische Physik des 21. Jahrhunderts.

Ähnlich wie vor hundert Jahren, als in der Physik völlig unklar war, in welchem Medium sich die elektromagnetischen Wellen ausbreiten, stehen wir heute wieder vor einer Zäsur. Damals nannte man das Medium »Äther«. Verzweifelt wurden Experimente durchgeführt, die beweisen sollten, dass sich die Ausbreitungsgeschwindigkeit von Licht verändert, weil sich die Erde gegen den Äther bewegt oder mit ihm. Bei allen Versuchen erwies sich die Lichtgeschwindigkeit als unabhängig vom Bezugssystem. Aus diesem Dilemma konnte erst Einstein mit seiner Speziellen Relativitätstheorie herausführen. Zusammen mit der Allgemeinen Relativitätstheorie und der Quantentheorie stellt sie die Revolution der Physik des 20. Jahrhunderts dar. Für die Lösung der Probleme, die sich aus der Dunklen Materie und der Dunklen Energie ergeben, brauchen wir offenbar wieder eine solche Revolution der Physik.

Trotz dieser grundlegenden Schwierigkeiten mit dem dominierenden Materieanteil im All können wir mit großem Vertrauen auf unser heutiges Bild vom Universum blicken. Die größte Erkenntnis der modernen Astronomie ist es, dass alle irdischen Naturgesetze auch überall im Universum gelten. Theorien, die auf der Erde zur Erklärung irdischer Experimente entwickelt wurden, bestätigen sich im All auf grandiose Weise. Wir können heute mithilfe von einander umkreisenden Sternleichen, zwei Kugeln von jeweils zehn Kilometern Radius, die nur aus Neutronen bestehen, die Allgemeine Relativitätstheorie bis auf zehn Stellen hinter dem Komma genau überprüfen. Resultat: Sie stimmt. Die Neutronensterne sind Sternleichen, die dreißig Jahre vor ihrer Entdeckung am Schreibtisch erdacht wurden. Phänomene der Quantenmechanik lassen sich ebenfalls im Universum hervorragend studieren. Auch hier zeigen sich bemerkenswerte Übereinstimmungen. Wenn also die von uns erdachten und experimentell bestimmten Naturgesetze wirklich falsch sein sollten, dann sind sie verdammt gut falsch.

Offenbar haben wir Menschen mit der Wissenschaft der Physik eine überaus vielversprechende Methodik der Naturbeschreibung in unseren Händen. Die Physik des Kosmos, die Astrophysik, sieht den Menschen heute im Spiegel des Universums. Wir leben in einem Universum, das wir verstehen können, wenn wir Astrophysik betreiben. In den letzten Jahrzehnten konnten wir dank der Astrophysik viel über die sehr enge Verflechtung unserer eigenen Existenz mit kosmischen Bedingungen lernen.

Das Zusammenspiel der grundlegenden physikalischen Wechselwirkungen bestimmt die Vielfalt und Komplexität des gesamten Kosmos. Selbst die grundlegenden, das heißt prinzipiellen Grenzen unserer Erkenntnismöglichkeiten werden durch physikalische Theorien beschrieben. Die Lichtgeschwindigkeit ist die höchste Geschwindigkeit im All, und das Plancksche Wirkungsquantum ist die kleinste Wirkung im Universum. So beschreiben einerseits die Relativitätstheorie und andererseits die Quantenmechanik die Grenzen physikalischer Forschung. Die intensive Wechselwirkung der leuchtenden Materie mit der Strahlung erzeugt auch eine nicht mehr durchdringbare Lichtwand im Kosmos. Denn der frühe Kosmos war dominiert von intensiver Strahlung, und die Materie hatte die gleiche Temperatur wie diese Strahlung des Universums. So wie wir nicht in die Sonne hineinblicken können, sondern nur ihre Oberfläche sehen, können wir die Vorgänge, die sich im frühen Kosmos abgespielt haben, nicht erkennen. Erst als das Universum sich während seiner Expansion so weit abgekühlt hatte, dass die Strahlung allmählich schwächer wurde, trennte sich die Materie von der Strahlung. Das geschah rund 380 000 Jahre nach dem Anfang. Doch alles, was davor passierte, bleibt im Licht der Hintergrundstrahlung für immer verborgen. Dieser Zusammenhang zwischen Strahlung und Temperatur liefert uns einen kosmischen Zeitpfeil. Und deshalb sind Raum, Zeit und dann auch Geschwindigkeit wohl definiert in unserem Universum.

Eine genaue Inspektion der tieferen physikalischen Zusammenhänge liefert sogar einen extrem engen Spielraum für die Naturkonstanten und Gesetze. Wir könnten in keinem anderen Universum existieren, denn nur in einem dreidimensionalen Raum sind die Planetenbahnen stabil. Nur in unserem Universum ist die Materie stabil. Nur in unserem Universum konnte Leben entstehen. Jetzt haben wir den Gipfel schon einmal eingekreist. Wir haben nur geschaut, sind ohne allzu großen gedanklichen Aufwand ein wenig durch die Ebene geschlendert. Doch jetzt geht es richtig ins Gebirge der Rationalität und des Verstandes, ins Hochgebirge der faszinierendsten Wissenschaft, die ich kenne. Hinein in eine Welt, die so ganz anders ist als unsere, ohne die die unsere aber nicht wäre. Das Universum hat wirklich und tatsächlich etwas mit uns allen zu tun!

2

STABILITÄT IM KOSMOS

In Zeiten, in denen die ganze Welt per Internet und Smartphone so nah an uns herankommt und so viel von uns fordert, kann es doch mal ganz schön sein, innezuhalten und einen Blick ins Weltall zu werfen. Sich wirklich einmal zurückzuziehen und in den Himmel über uns zu schauen und zu überlegen: Was hat das Ganze da oben eigentlich mit uns hier unten auf dem Planeten Erde zu tun? Sich einmal wirklich darauf einzulassen, wie wir mit der ganzen Natur, auch und vor allem der kosmischen Natur, zusammenhängen. Wir sind ja ansonsten eher mit uns selbst beschäftigt: me, myself and I. Der Individualismus, die Selbstverwirklichung und die Konzentration auf die eigenen Ziele – das ist die Maxime unserer Zeit. Und wir vergessen dabei, dass es uns ohne den Kosmos gar nicht geben würde.

Beginnen wir mit einer ganz einfachen Situation: Ich stehe auf der Erde, ich atme, ich trinke Tee und mache mir keine Gedanken darüber, woher das alles kommt. Ich genieße die Natur, ihre Erscheinungsformen und ihre Vielfalt (so sie denn noch vorhanden ist), und nur ganz selten lasse ich das Gefühl an mich heran, dass ich ein Teil eines viel größeren Ganzen bin, das eine Milliarden Jahre alte Geschichte hat. Jeder von uns ist ein Teil des Teils, der anfangs alles war. Und davon wird die Rede sein. Denn der Boden unter meinen Füßen genauso wie die Luft, die ich atme, sowie die

Flüssigkeit, die ich zu mir nehme, all das ist ja schon ein Ausdruck dafür, dass ich mit der Welt verbunden bin. Denn ich kann offenbar Stoffe in mich aufnehmen, die mich nicht töten, sondern die im Gegenteil mein Leben sogar fördern, die es überhaupt erst möglich machen. Das heißt: Mein Körper verbindet sich mit diesen Stoffen und holt auf eine für den Laien rätselhafte Art und Weise, die Ärzten natürlich längst bekannt ist, die Energie aus den Molekülen, die ich brauche, um zu leben. Das beginnt bei der Atmung, der Aufnahme von Sauerstoff, den ich als Energiequelle benötige, gilt aber natürlich auch für Wasser und die Stoffe in meiner Nahrung. In allen Molekülen steckt nämlich Bindungsenergie, die frei wird und genutzt wird in den neuen Verbindungen, die meine Körperzellen mit diesen Elementen eingehen. Und nur der ständigen Zufuhr an dieser sogenannten chemischen Energie verdanke ich mein Leben. Sie ist der Grund dafür, dass ich für die Zeit meines Lebens meinen Körper mit allen seinen Funktionen aufrechterhalten kann.

Das ist insofern bemerkenswert, als eines der Grundgesetze der Physik, der zweite Hauptsatz der Thermodynamik, die grundsätzliche Entwicklung erklärt, wonach in der Natur alle Prozesse so ablaufen, dass sich die Entropie vergrößert, sich also alles immer mehr zum Gleichgewicht entwickelt, denn dort ist die Entropie am größten. Lebewesen sind jedoch gar nicht im Gleichgewicht mit ihrer Umgebung, sondern im Nichtgleichgewicht und erhalten auf diese Weise ihren körperlichen Aufbau und alle Funktionen aufrecht. Ohne einen entsprechenden Nachschub an Energiefluss kann der Mensch nicht leben. Allen Lebewesen geht es so: Sie nehmen niederentropische Nahrung auf und geben hochentropische Abfälle ab. Aus diesem Entropiefluss ernährt sich das Leben.

Bereits die einfache Frage, wo die Materie eigentlich herkommt, die ich esse und trinke, zeigt uns: Jede Nahrungs- und Flüssigkeitsaufnahme ist bereits ein existenzieller Akt, der kosmische Kreisläufe und Gesetzmäßigkeiten ausnutzt und benutzt. Wie hängt das alles zusammen? Nun, ein erster Blick ins All sagt uns schon, worum es hier eigentlich geht. Apropos gehen, um das folgende Argument zu verstehen: Ich erinnere mich noch daran, als ich zum ersten Mal in Aspen (Colorado) war. Ich komme im Hotel an, schönes Wetter, tolle Gegend, ich denke, jetzt machst du einen kleinen Lauf. Sportklamotten und Schuhe an, aus dem Hotel raus – und loslaufen. Nach kurzer Zeit schon habe ich das Gefühl, ich kippe um. Ich habe keine Luft mehr bekommen, obwohl ich gut trainiert war. Ich hatte überhaupt nicht daran gedacht, dass Aspen mehr als zwei Kilometer über dem Meeresspiegel liegt. Tja, je weiter wir uns vom Meeresspiegel entfernen, umso dünner wird die Atmosphäre. Was trennt uns von der kosmischen Leere? Das Luftmeer, die Atmosphäre, auf deren Boden wir leben. Sie ist der Strand des Ozeans des Universums. Wer schon einmal auf 5000 oder 6000 Meter Meereshöhe oder höher gewesen ist, weiß, wovon ich rede. Die Lufthülle wird mit zunehmender Höhe immer dünner und dünner und dünner, und irgendwann ist sie quasi fast ganz weg. Und das sieht man ja auch. Wenn man nämlich tagsüber in den Himmel schaut, und zwar in den klaren, nicht bewölkten, dann sieht man dort einen Stern, der so hell ist, dass er alle anderen Sterne überstrahlt. Und wer dies nachts tut, erblickt am Himmel zahlreiche Lichter, die nichts anderes sind als Planeten und Sterne (zumindest wenn man sich abseits von Städten und menschengemachten Lichtquellen wie blinkenden Flugzeugen etc. befindet). Und das heißt: Zwischen unseren Augen und diesen Objekten ist offenbar fast nichts, was das Licht verschluckt hätte. Denn wenn das Licht verschluckt worden wäre, dann würden wir die Lichtquellen da oben am Himmel nicht sehen.

Nun: Die Planeten sind eigentlich keine eigenen Lichtquellen, sie sind Reflektoren für das Licht unserer Sonne. Doch die Sterne, das sind eigene Lichtquellen. Und das wiederum bedeutet: Das

Universum muss ziemlich leer sein. Wenn wir den Astronomen einmal glauben wollen, dann sind viele dieser Objekte dort oben Lichtjahre von uns entfernt, viele Hundert, manche Tausende von Lichtjahren. Und ein Lichtjahr ist eine ziemlich lange Strecke. Man muss sich nur einmal vergegenwärtigen, dass bereits der Mond in etwa 400 000 Kilometern Entfernung für uns ein momentan unerreichbarer Himmelskörper ist. Vor einigen Jahrzehnten konnten wir da noch hin, heute (vorläufig) nicht mehr. 400 000 Kilometer, das ist nur etwas mehr als eine Lichtsekunde. Das Licht der Sonne braucht acht Lichtminuten bis zu unseren Augen, das heißt, sie ist 150 Millionen Kilometer weit weg. Und wir können froh sein, dass sie so weit weg ist. Es zeigt sich nämlich eine große Abhängigkeit der Planetentemperatur von der Entfernung des Sternes, den der Planet umkreist. Wäre die Sonne nur um ein Weniges näher, wäre es bei uns so heiß, dass es kein Leben gäbe. Planeten mit Lebewesen müssen weit genug weg sein vom strahlenden Zentralgestirn, doch auch nicht zu weit, sonst ist es zu kalt. Aber davon später mehr.

Die Sterne am Himmel sind nicht Lichtminuten oder Lichtstunden von uns entfernt, sondern wie gesagt Lichtjahre. Ein Lichtjahr ist die Strecke, die elektromagnetische Wellen mit Lichtgeschwindigkeit in einem Jahr zurücklegen, also 365 Tage mal 86 400 Sekunden mal 300 000 Kilometer, das sind knapp 9,5 Billionen Kilometer. Das ist das Maß der Entfernungen, mit denen wir in der Astronomie arbeiten müssen, weil die Sterne so unglaublich weit voneinander entfernt sind. 9,5 Billionen Kilometer, das ist unvorstellbar groß. Wir haben zwar Zahlen für solche Strecken, aber keine Vorstellung dafür. Uns fehlt einfach jede Art von Vergleich für die ungeheuren Räume da draußen. Wir schauen in eine abartige, völlig unmenschliche Leere. Da ist wirklich fast nichts, der Kosmos ist leer, bis auf wenige, zumeist hell strahlende Inseln, die Sterne. Und diese Leere ist die Bedingung für die Möglichkeit, überhaupt in diesem Universum als Lebewesen existieren zu können. In einem Universum, das nicht so leer wäre, gäbe es uns gar nicht. Davon später mehr.

Zurück zu uns, zurück zu der ganz einfachen Feststellung: Wir sind hier, wir essen und trinken, wir leben. Wir sind also aufnahmefähig für Stoffe aus der Außenwelt, wir sind verbunden mit dem, was um uns herum materiell existiert. Sowohl die Atemluft als auch Flüssigkeiten und Nahrungsmittel, all das kann sich mit uns verbinden, weil wir Menschen tatsächlich aus dem gleichen Material bestehen, aus dem die Welt um uns herum besteht. Die Forschungen der letzten Jahrzehnte haben ergeben, dass wir Menschen ganz eng mit allem verbunden sind, was auf diesem Planeten an Leben existiert. Und zwar nicht nur mit Affen, von denen es immer noch heißt, wir würden von ihnen abstammen, was ja nie so gesagt wurde. Wir haben nur gemeinsame Vorfahren, Ahnen. Sie sind uns sehr nahe, ihr Erbgut ähnelt dem unseren bis auf wenige Prozent.

Unsere Verbindung mit dem Leben auf der Erde reicht jedoch viel tiefer, wir sind mit allen lebenden Kreaturen verwandt, wir haben gemeinsames Erbgut mit allem, was auf dieser Erde lebt, mit allem. Woher man das weiß? Aus der Analyse von Molekülen, die eine bestimmte Struktur haben. Das heißt: Wir Menschen sind tatsächlich das Produkt einer ziemlich langen Evolution. Man kann mithilfe sogenannter molekularer Uhren zum Beispiel genau den Zeitpunkt in der Evolution bestimmen, an dem sich die biologische Linie, aus der die Pflanzen entstanden, und die Linie, aus der die Menschen hervorgingen, getrennt haben. Das ist ungefähr eine Milliarde Jahre her. Ja, tatsächlich. Man hat auch herausgefunden, wann sich die beiden Linien getrennt haben, aus denen einerseits Ratten und andererseits Menschen wurden. Man kann also in der Geschichte der Natur zurückgehen und findet auf der molekularen Ebene eine Verwandtschaft von allem, was lebt. Von allem. Bis hin zu dem bis heute noch nicht entdeckten gemeinsamen Vorfahren allen Lebens auf dem Planeten Erde, dem *Last Universal Common Ancestor* – LUCA.

Das heißt: Alles Leben auf der Welt ist irdisch. Es ist nicht eingesetzt von oben, nicht wie ein Hubschrauber irgendwo gelandet und musste sich dann mit dem irgendwie zurechtfinden, was schon da war. Sondern im Gegenteil: Alles Leben auf der Welt hat sich von unten nach oben entwickelt. Von sehr einfachen Einzellern hin zu den komplexen und vielfältigen Lebewesen der Flora und Fauna. Leben ist eine Graswurzelbewegung, und es besetzt alle Nischen, die sich ihm auf der Erde bieten. Allerdings immer in dem großen planetaren Rahmen, in dem die Bedingungen sich entwickelt haben, an die das Leben sich anpassen musste. Doch entscheidend hierfür ist, dass der Mensch als Evolutionsprodukt, als Resultat, als Ergebnis einer sehr, sehr langen chemischen Evolution, molekularen Evolution und biologischen Evolution entstanden ist und dass dieser Entwicklungsprozess nie unterbrochen werden konnte. Das Leben auf der Erde ist niemals getötet worden. Es sind immer, selbst bei den größten Naturkatastrophen, Lebewesen übrig geblieben. Sie, die Vulkanausbrüche und Klimakatastrophen, Asteroideneinschläge und Strahlungsausbrüche der Sonne und anderer Sterne überlebt haben. Sie haben einfach weitergemacht, sich reproduziert, haben sich vermehrt, verändert, verwandelt und haben alle Elemente, Erde, Wasser und die Luft, erobert. Hauptsache, die Sonne scheint, und es gibt Wasser mit Nährstoffen, dann wird es schon was mit dem Leben, und zwar in allen möglichen Varianten.

Um diese Art von Kontinuität und Stabilität der Evolution über Milliarden von Jahren auf der Erde im Universum zu bewerkstelligen, braucht es gewisse Bedingungen und vor allen Dingen eine stabile Natur. Das bedeutet: Auch wenn es zu katastrophalen Entwicklungen in der Erdgeschichte gekommen sein sollte, etwa

Massenaussterben von fast allem, was jemals gelebt hat, so konnte das Leben doch wieder anfangen, was damit zu tun hat, dass die Bedingungen und Regeln, unter denen Atome und Moleküle sich zusammengetan haben, unter denen die Verbindung mit der Außenwelt stattgefunden hat, immer die gleichen waren. Es gab immer das Gleiche. Man geht heute davon aus, dass es nie zu einem solch totalen Abbruch in der Evolution gekommen ist. Diese materielle Stabilität hat das Universum garantiert. Die Gesetze, die das Miteinander der Atome und Moleküle und deren Wechselwirkung mit elektromagnetischer Strahlung regeln, müssen schon immer gegolten haben, sie haben sich nie verändert, und sie müssen im ganzen Universum gültig sein.

Das bedeutet jedoch zugleich, dass unser Planet kein besonderer Ort ist. Es herrschen Regeln dort draußen, die sich seit Anbeginn – wenn es denn einen Anbeginn gegeben haben sollte – nicht mehr geändert haben. Seit Anbeginn verhält sich Materie in einer bestimmten Form, seit Anbeginn gibt es diese elementaren Bausteine, die sich zu immer größeren Aggregaten verdichtet und strukturiert haben. Vielleicht sind diese Regeln das Einzige, was wir über die Natur überhaupt erfahren können. Alles andere, was nicht geregelt ist in der Natur, ist für uns möglicherweise gar nicht erkennbar, auf jeden Fall nicht auf dem Wege der empirischen wissenschaftlichen Forschung.

Vielleicht gibt es andere Wege der Naturerkenntnis, doch die lassen sich nicht einfach von Subjekt zu Subjekt übertragen. Objektiv können wir dank vieler Messungen heute folgendes feststellen: Die materiellen Teile der Natur nehmen einander wahr, weil Kräfte zwischen ihnen wirken. Zum Beispiel zwischen zwei elektrisch geladenen Teilchen, aber auch zwischen Massen. Die eine Kraft ist die elektromagnetische, die andere die Schwerkraft. Es existiert auch eine Kraft, die die Atomkerne zusammenhält. Die »Wahrnehmung« eines Teilchens von einem anderen Teilchen, von dem, was da noch wirkt, vollzieht sich in der physikalischen Betrachtung über Kräfte und Wirkungen.

Es gibt aber auch die Wahrnehmung des Ich vom Du, die zumeist über Licht und Moleküle stattfindet, also mit physikalischen Mitteln der Sinne, der direkten Sinne. Doch was ist mit Wahrnehmungen, die ganz anders funktionieren, etwa der sprachlichen Wahrnehmung? Was für eine Wahrnehmung ist das? Wenn Menschen miteinander sprechen, dann tun sie das ja nicht nur über physikalische Wechselwirkungen, sondern es findet etwas statt, was über den Träger hinaus – in diesem Fall eine Schallwelle – beim anderen ankommt und Wirkung hat. Was ist das, was sogar den Träger auswechseln kann? Meine Sprache braucht nicht unbedingt Luft, braucht nicht unbedingt die Schallwelle, sie könnte auch auf einer CD an einen anderen Ort gebracht werden und dort ganz andere Wirkungen haben. Das heißt: Es gibt eine Form von Wirkung, die unabhängig vom Träger ist. Sie braucht einen Träger, aber sie ist unabhängig davon. Und es könnte sein, dass das eine ganz wichtige Rolle spielt bei der Strukturierung von Materie. Denn auch die Atome sind letzten Endes austauschbar. Wir Menschen tauschen unsere Atome und Moleküle dauernd aus, nichts in uns bleibt so, wie es einmal war. Ich mit meinen 59 Jahren habe mich schon mehrfach atomar erneuert. Ich will jetzt nicht sagen, dass ich der Gleiche geblieben bin, doch im Großen und Ganzen kann man mich wiedererkennen. Das heißt: Es gibt Regeln, die sich nicht so ohne Weiteres entdecken lassen, die wir aber trotzdem kennen. Wie heißt es so schön: Der Mensch weiß mehr, als er erklären kann, viel mehr.

Wir sind also ein Teil des Universums, und die Voraussetzung dafür, dass wir überhaupt hier sein können, ist, dass das Universum sich nicht pausenlos verändert, dass es nicht chaotisch ist, sondern dass es ein Regelwerk gibt, das zumindest in Teilen die Stabilität unserer Handlungen, sogar unserer Denkprozesse, garantiert.

Auf diese Weise können wir nicht nur mit der Natur wechselwirken, sondern eben auch mit anderen Menschen, und zwar auf eine
Weise, die nicht immer nur rein physikalisch messbar ist. Wir sind
zwar materielle Wesen, doch unsere Handlungen erzeugen Wirkungen, die sich nur von anderen Individuen messen lassen und
nicht von Messgeräten.

3

VON DEN GESETZEN DER NATUR

Bei genauerer Betrachtung der Menschheitsgeschichte kann man bereits eine ganze Menge über diesen Wirkungs- und Wahrnehmungsunterschied bei früheren Kulturen lernen. Die Annahme, dass der Mensch ein egozentrisches, egomanisches, egoistisches Lebewesen ist, das oft nur seinen Profit, seinen Vorteil im Kopf hat, ist einerseits plausibel, andererseits jedoch haben alle menschlichen Kulturen erfahren, wie sehr sie von ihrer direkten Umgebung abhängig sind. Sie haben diese Umgebung unter Umständen als bedrohlich und gefährlich empfunden und alles getan, um sich vor der Natur zu schützen und sich von ihr möglichst unabhängig zu machen. In unserer modernen Welt hingegen, in der der Fokus auf dem Einzelnen, dem Individuum liegt, entgeht vielen die enge Abhängigkeit von der Welt um uns herum. Gerade deshalb ist der Blick auf das große Ganze umso wichtiger, um uns zu vergewissern, dass die Naturgesetze, die wir von der Erde kennen, eben nicht nur dort gelten, sondern auch im Universum, und umgekehrt. Wenn wir Naturgesetze finden, die im Universum gültig sind, dann gelten sie auch bei uns. Und dann stellen sie eine Grenze dar, die Grenze des Machbaren.

Zunächst mutet das eher merkwürdig an, dass ein Naturwissenschaftler Grenzen thematisiert, wo doch die naturwissenschaftliche Forschung von immerwährendem Fortschritt geprägt zu sein scheint. Aber interessanterweise ist gerade die Physik in diesem Sinne eine Grenzwissenschaft. Aufgrund der von ihr gefundenen, offenbar immer gültigen und damit ewigen Gesetze der Natur kennt die Physik Grenzen. Sie kennt die Unmöglichkeit von manchen zwar denkbaren, aber eben in der Wirklichkeit nicht möglichen Prozessen.

Angefangen hat diese Entwicklung mit einer der wichtigsten Entdeckungen der Menschheit überhaupt: der Erfahrung des periodisch Wiederkehrenden in der Natur. Da taucht etwas immer wieder auf und verschwindet wieder. Es beginnt, hat einen Verlauf und ein Ende, das aber offenbar immer nur ein vorläufiges Ende ist. Es kommt wieder und fängt immer wieder an. Das gilt für die Sonne und für den Mond, aber auch manche Sternbilder am Himmel kommen und gehen. Diese wiederkehrenden Abläufe am Himmel machen ihn zu einem ersten Kalender, einer ersten Uhr, wenn auch noch ungenau und immer ein bisschen schwankend. Dieses periodisch Wiederkehrende hat in allen Kulturen große Bedeutung und sicher dazu beigetragen, in uns Menschen so etwas wie Vertrauen in die Natur zu wecken. Vertrauen in eine Lebenswelt, die sich dem Einfluss des frühen Menschen noch genauso entzog wie den späteren Hochkulturen. Vertrauen jedoch ist der Anfang von allem, vor allem auch von aktiver Tätigkeit, von Handlungen, die etwas Sinnvolles bewirken sollen und auch zukünftigen Generationen dienlich sein können. Wer baut denn schon gern auf Sand? Wer aber weiß, dass die Welt zwar schwankend, aber innerhalb ihrer Rhythmen stabil ist, der glaubt an eine Zukunft. Allerdings, und das belegen eben alle Funde von Ritualrelikten über viele Jahrtausende hinweg, fühlt sich der Mensch der Natur auch ausgesetzt und versucht deshalb, die Götter zu beruhigen, ihnen zu opfern und das, was sich ihm als Natur präsentiert, auch zu respektieren. Die Kenntnis von den wiederkehrenden Vorgängen auf der Erde und im Himmel macht aus unbegründeter Angst begründeten Respekt. Aus Furcht wird Demut, und damit gewinnen Menschen Spielräume und erobern neue Handlungsfelder, auf denen sie ihr Wissen für sich und die Ihren nutzen können.

Heute wissen wir noch viel mehr über die Welt um uns und über uns, unsere Handlungsspielräume sind ungeheuer angewachsen. Wir wissen nicht nur, dass die Sonne morgens im Osten aufgeht und abends im Westen unter, weil unser Planet sich um seine eigene Achse dreht. Wir wissen auch, dass die Sonne für alle Menschen auf der Erde scheint. Das wussten die alten Kulturen natürlich noch nicht. Alle Kulturen haben von sich immer behauptet, sie seien das Zentrum der Welt, ihre heiligen Plätze und ihre Götter seien die wichtigsten, und diese garantierten die Stabilität der Welt. Ein Aufeinandertreffen von Kulturen war oft eine Überraschung, die die Stabilität der eigenen Weltanschauung gefährdete. Und Gefahr macht ängstlich, in der Reaktion womöglich panisch und aggressiv. Für die Kulturen der Vergangenheit waren das immer Wiederkehrende und somit auch die wiederkehrende Stabilität von grundlegender Bedeutung, fast schon existenziell. Die Erkenntnis, dass zusammen mit den wiederkehrenden Erscheinungen am Himmel sich auch auf der Erde gewisse Vorgänge wiederholen, hat an den großen Flüssen dieser Welt zur Entstehung sogenannter hydraulischer Gesellschaften geführt. Deren Kennzeichen war es, dass das kommende und gehende Wasser mit Dämmen, Deichen, Bewässerungssystemen kontrolliert und gespeichert wurde, damit man länger etwas vom köstlichen Nass hatte. Wenn Wasser kam, war es oft zu viel, das Land konnte die Mengen nicht aufnehmen. Und wenn das Wasser wieder ging, vertrocknete das Land. Also verfiel man etwa im alten Ägypten auf die Idee, das periodisch reichlich vorhandene Wasser zurückzuhalten und für später zu sammeln, sodass man es in regenarmen Zeiten über die Felder verteilen konnte.

Die grundlegende Voraussetzung für solche fundamentalen Lernfortschritte der Menschheit war die genaue Beobachtung wiederkehrender Erscheinungen am Himmel. Das da oben hat etwas mit uns hier unten zu tun – darauf hätten wir uns bereits vor 5000 Jahren mit unseren Vorfahren einigen können. Wir hätten ihnen zwar auch erklären können, was der Grund dieser oder jener Wiederkehr ist, dass wir alle auf einem Planeten leben, der sich um sich selbst dreht, dass der Mond sich um die Erde dreht, dass Erde und Mond sich gemeinsam um einen gemeinsamen Schwerpunkt drehen. Aber das hätte uns damals schon niemand mehr geglaubt. Erst einige Jahrtausende später wären wir auf Menschen gestoßen, die uns diese Erklärungen abgenommen hätten. Meist hätten wir nur Gelächter geerntet, Unverständnis und Ablehnung, denn was wir da erzählt hätten, setzt viel Abstraktionsvermögen und naturwissenschaftliches Gedankentraining voraus. Und selbst heute werden solche Fakten noch von Menschen bestritten. Die Art und Weise, wie die empirische Forschung objektive Tatsachen behandelt und untersucht, verlangt uns viel ab. Denn wir sind keine Objekte, wir sind Subjekte, die sich durch Kultur, Herkunft und Lebenslauf voneinander unterscheiden. Damit wir in die Welt der abstrakten, objektiven Tatsachen eintauchen können, braucht es nicht nur Fantasie und Reflexionsfähigkeit, sondern auch Vertrauen in die Methode der Messungen und Berechnungen. Nicht immer lassen sich Menschen auf diese nüchterne und vom Subjekt absehende Form der Naturbeschreibung ein. Da werden lieber magische Bilder und Vorstellungen bemüht, die vor allem der Frage nach dem Sinn des Lebens nachgehen. Deshalb muss man ganz behutsam mit solchen rein naturwissenschaftlichen Ergebnissen umgehen.

Ein eindrucksvolles Beispiel der Wirkung des naturwissenschaftlichen Weltbildes konnte eine venezolanische Astronomin beim Besuch eines Stammes im Regenwald von Kolumbien erleben. Ihr Besuch war angekündigt worden, sie hatte Modelle für die Planeten, den Mond und die Sonne dabei und erzählte im Kreise vieler Kinder, wie sich der Mond um die Erde und die Planeten um die Sonne drehen. Das alles in der Mitte des Dorfplatzes. Nicht nur die Kinder hörten gespannt zu, auch viele Mütter und Väter und eine Besucherin von einem Nachbarstamm. Eine besondere Besucherin, eine Schamanin. Sie war zuständig für die Heilung der Kranken und auch für die Deutung der Zeichen der Natur, etwa für die Interpretation von Sonnenfinsternissen. Die Astronomin erklärte, und die Schamanin staunte, sie staunte vor allem, als sie erfuhr, wie Astronomen das Zustandekommen von Sonnenfinsternissen erklären. Als die Medizinfrau aus dem Regenwald das erfuhr, ging sie auf die Astronomin zu und küsste ihr aus Dankbarkeit die Füße. Jetzt könne sie zu ihrem Stamm zurückgehen und allen erklären, dass niemand sich vor einer verfinsterten Sonne zu fürchten brauche. In diesem Fall hat die Wissenschaft die frohe Botschaft über die Stabilität der Welt verkündet …

Aber wie kommt man eigentlich auf die Idee, dass im Universum Gesetze herrschen? In welcher Sprache sind sie geschrieben? Hat Mutter Natur eine Muttersprache, in der sie mit uns spricht? Wie teilen sich Gesetze in der Natur mit? Was ist das für eine Vorstellung, dass dort draußen schon immer Kräfte am Werk sind, deren Wirkungen unter ähnlichen Bedingungen immer ähnlich sind? Und wenn es einmal anders ist, dann nur unter anderen Bedingungen. Das ist schon eine starke Forderung.

Bereits vor etlichen Tausend Jahren wurde in den hydraulischen Gesellschaften festgestellt: Wasser überflutet immer wieder unsere Felder, und dann zieht es sich wieder zurück. Es gibt also zwei Zustände: Das Wasser kommt, das Wasser geht. Da bietet es sich an, zu zählen und zu messen. Man zählt die Tage mit Wasser auf den Feldern und die ohne. Man zählt, wie lange das Wasser bleibt. Man misst den Stand des Wassers, um zu erkennen, wann es wieder geht. Man beginnt die ganze Welt in Zahlen zu klassifizieren. Das ist die Voraussetzung für die von Generation zu Generation weitergegebene Vorstellung, in der Natur gäbe es etwas Berechenbares, Zusammenhänge, die sich in Zahlen ausdrücken lassen.

Die Mathematisierung ist eine ganz besondere Eigenschaft der Natur. Von konkreten Gegenständen, wie Tieren, Tagen und Wassermengen, geht man über zu abstrakten Gegenständen, den Zahlen. In der Natur kann etwas gezählt werden, was seine Form behält, was als wiederkehrendes Etwas in Mengen quantitativ wahrgenommen werden kann. Die Mathematik ist eine Strukturwissenschaft. Sie untersucht logische Strukturen aller Art, auch solcher, die nicht real existieren müssen. Die Physik dagegen ist eine Realwissenschaft, genauer: eine Naturwissenschaft. In ihr wird die Mathematik als Instrument der Beschreibung verwendet. Möglicherweise entsprechen die entdeckten Phänomene und Gesetze einer Art Sprache. Wir stellen mathematische Fragen in Form von Experimenten und Beobachtungen und erhalten tatsächlich auch erkennbar mathematische Antworten. Galileo Galilei vermutete, dass Gott ein Mathematiker ist, der das Buch der Natur in Mathematik geschrieben hat. Zumindest ist das die Methodik der Erfahrungswissenschaften, der empirischen Wissenschaften, eben der Naturwissenschaften. Sie gehen nicht von subjektiven, persönlichen Erfahrungen aus, sondern von sachlichen, objektiven, für alle nachvollziehbaren Erfahrungen, die sich in Zahlen fassen lassen.

Mit der Mathematik, die von den hydraulischen Gesellschaften erfunden wurde, haben wir Menschen eine sehr effektive und wichtige Methode der Weltbeschreibung entdeckt. Denn wenn die Naturwissenschaften die Mathematik als Sprache benutzt und immer weiterentwickelt haben, dann bedienen sie sich damit ja vor allen Dingen eines Informationskompressionsverfahrens. Das heißt: Mathematik presst in ihren Ausdrücken, ihren Formeln ganz viele Möglichkeiten zusammen, so bereits in den vier Grundrechenarten. Mit wenigen Zeichen können wir damit sehr allgemein addieren, subtrahieren, multiplizieren und dividieren. Für jemanden, der nicht weiß, was sie bedeuten, sind sie wie ägyptische Hieroglyphen.

Bis heute sind wir sehr viel weiter gegangen und können auch komplexere mathematische Operationen symbolisch darstellen: Ein Integral entspricht einer Zusammenfassung, mathematisch ist es das Aufsummieren, zum Beispiel bei der Berechnung von Rauminhalten. Eine Differenzierung bedeutet, dass ich mir einen ganz bestimmten Punkt ansehe. Ich schaue mir Tensoren an, das heißt, ich betrachte so etwas wie Flächen oder sogar Hyperflächen. Das sind alles Kompressionsverfahren, die sehr, sehr weit in der Zukunft liegen, betrachtet aus der Perspektive der Kulturen der letzten sechs- bis siebentausend Jahre. Damals ging es vor allen Dingen um eines: Geometrie. Flächen sollten vermessen und erste Regeln festgelegt werden, wie man solche Flächenvermessungen wieder nutzen konnte, wenn die überfluteten Flächen wieder trocken lagen und neu vermessen werden mussten.

Wie stellte man zum Beispiel fest, was das Eigentum des Pharaos in Ägypten war? Nun, man musste zählen und aufschreiben. Das bedeutet: Wenn wir über Naturgesetze sprechen, dann sprechen wir nicht über Gesetze, wie sie in den »Gesetzbüchern« der großen Kulturen, zum Beispiel dem Gesetzeskodex von Hammurabi im Zweistromland, dem heutigen Irak, festgelegt sind. Dort steht das berühmt-berüchtigte »Auge um Auge, Zahn um Zahn«. Das ist eine von Menschen formulierte Handlungsanweisung, und weil sie vom König kam, war es ein Gesetz, aber eben kein Naturgesetz. Es ist sogar eher eine Regel, von der es auch einmal eine Ausnahme geben könnte, die die Regel bestätigt, und im Grunde genommen eine Aussage in der »Wenn-dann«-Logik. Also: Wenn du geschlagen wirst, dann kannst du zurückschlagen. Und später wird einer sagen: Wenn du geschlagen wirst, dann halte die andere Backe hin.

Die Naturgesetze sind Gesetze, die schon gegolten haben müssen, als es uns, als es unsere Sprache noch gar nicht gab. Selbst unsere Mathematik ist nicht die Voraussetzung, nur wir finden ausschließlich in mathematischer Form die Gesetze in der Natur wieder. Die große Frage ist: Existieren die Naturgesetze tatsächlich, oder sind sie einfach nur ein Hilfsmittel für uns, um mit der Natur irgendwie klarzukommen? Ich vertrete dazu den ganz – wie soll ich sagen – nüchternen Standpunkt: Die Naturgesetze existieren – auch wenn ich mich und alle anderen Menschen aus der Welt wegdenke. Selbst dann würden die Gesetze, die wir in der Physik gefunden haben, zum Beispiel die Kernfusion als Prozess, wie die Sonne in ihrem Inneren Energie freisetzt, wie radioaktive Strahlung Materie zerstören kann, wie Licht mit Materie wechselwirkt usw. gelten. Diese Abläufe werden immer gleich sein, ob mit oder ohne Menschen. Und wenn ich damals bei den alten Hydraulikern dabei gewesen wäre und die Möglichkeit gehabt hätte, diese Messungen und Zählungen vorzunehmen und sie aufzuschreiben, sie möglicherweise in Diagrammen darzustellen, dann wären diese Naturgesetze damals genauso sichtbar gewesen, wie sie es heute sind.

Die Naturgesetze sind also nicht nur für mich da, sondern sie waren schon immer da. Sie sind stabil, und sie gelten überall im Universum. Das heißt: Das Universum ist die Bedingung der Möglichkeit, auf unserem Planeten überhaupt als Lebewesen existieren zu können, es liefert den Rahmen oder, wie es heute so schön heißt, das Framing, in dem Lebewesen überhaupt auf einem Planeten sein können. Und je nachdem, wie diese Rahmen- und Umweltbedingungen beschaffen sind, können sich auf einem Planeten natürlich ganz unterschiedliche Lebewesen entwickeln.

Zum Abschluss dieses Kapitels schauen wir noch einmal kurz auf unseren Planeten: Welche Lebewesen gibt es dort? Zum Teil sehr große, viel größer als wir Menschen, zum Beispiel Elefanten,

Giraffen, ganz zu schweigen von den einstmaligen riesigen Dinosauriern, dazu kommen gigantische Meeressäuger wie die Wale, ferner Fische, außerdem Pflanzen ganz unterschiedlicher Form, wobei die Vielfalt der Pflanzen an Land viel größer ist als diejenige der Pflanzen im Wasser. Das deutet darauf hin, dass offenbar an Land das Potenzial für Vielfalt größer ist, vielleicht auch weil dort ein größerer Druck besteht, Vielfalt zu entwickeln. Das dürfte damit zusammenhängen, dass an Land mehr Energie zur Verfügung steht, und zwar durch den Stern, auf dem 150 Millionen Kilometer von uns entfernt ein Kernfusionsprozess abläuft und damit die Energie freigesetzt wird, die hier auf der Erde durch Fotosynthese von Pflanzen und Bakterien zum Leben genutzt wird.

Schon die Entwicklung der Landpflanzen stellt auf den ersten Blick ein Rätsel dar. Denn lange lebten Pflanzen nur im Wasser, wo sie paradiesische Bedingungen vorfanden: Das Wasser bietet Schutz und Nährstoffe, was zur Folge hat, dass die Pflanzen keine speziellen Zellen entwickeln mussten, um etwa Nährstoffe aus dem Boden zu holen. Man muss sich im Wasser auch nicht vor Austrocknung schützen. Pflanzen an Land hingegen sind gezwungen, sich vor dem Sonnenlicht zu schützen, und mussten sich deshalb viel stärker spezialisieren. Warum tat sich die Evolution das an? Weil die Lichtausbeute an Land größer ist als im Wasser. Schlichte Energiegier. Aus dieser Gier nach etwas Neuem erklärt sich die unermessliche Vielfalt des Lebens.

Angefangen hat das alles, die Flora und die Fauna, vor Milliarden Jahren, als sich die ersten Lebewesen entwickelten, die Archaea. Das sind die Extremophilen, wahrscheinlich die ursprünglichsten Lebewesen, die es auf der Welt gibt, weil sie in sehr ungewöhnlichen Umständen leben konnten. Heute kennt man solche Extremophile, die bei 120 °C in Salpetersäure baden und sich dabei besonders wohlfühlen. Daneben haben sich die Bakterien entwickelt, Zellen ohne Zellkern, und aus beiden zusammen als neue

»Baureihe« die Eukaryoten. Dazu gehört auch der Mensch, alles weiterentwickelte Leben. In der eukaryotischen Welt hat sich dann sogar noch eine ganz besondere Form der Entwicklung herausgebildet, nämlich dass zwei Lebewesen zusammen ein neues Lebewesen schaffen können. Und damit ist zum bereits bestehenden Reich der Vielfalt noch ein ganz neues hinzugekommen. Wir sehen also, dass das Universum bei aller Stabilität, welche die Bedingung dafür ist, dass wir hier überhaupt sein können, auch das Neue, die Möglichkeit des immerwährenden Schöpfens aus dem Gegebenen, garantiert. Das Universum ist ein sich selbst stabilisierender Selbstorganisationsprozess. Und wir Menschen sind mittendrin.

4

UNSER BILD VON DER NATUR

Was bedeutet es eigentlich, dass da draußen im Universum so gar nichts ist, fast gar nichts? Nun, das hatte vor allen Dingen die Konsequenz, dass man vor etwa 400 Jahren damit begann, die vorher aufgestellten Regeln am Himmel ziemlich gut beobachten und vermessen zu können. Damals war es erstmals möglich, mittels mathematischer Regeln und Formulierungen innerhalb des neuen Weltbildes, nämlich des heliozentrischen, auszurechnen, wie die Objekte am Himmel sich bewegen werden und welche Konsequenzen das für die Beobachtung vom Erdboden aus hat, zum Beispiel in Gestalt der Phänomene Sonnen- und Mondfinsternis. Die Vorstellung, dass der Mond sich zwischen Erde und Sonne schiebt und dabei die Sonne exakt so verdeckt, dass man die äußere Hülle der Sonne, die Corona, ganz besonders stark leuchten sieht, wäre zwar auch noch möglich, wenn die beiden sich tatsächlich um die Erde drehten. Doch andere Bewegungen am Himmel sind in diesem geozentrischen Bild nicht mehr denkbar, so die scheinbare Vorwärts- und Rückwärtsbewegung des Mars. Dessen Bewegungsmuster am Himmel bleiben rätselhaft – was sollte einen Planeten denn dazu veranlassen, bei seiner Umrundung der Erde eine Richtungsänderung vorzunehmen? Im geozentrischen Weltbild muss man sich für diese Bewegungen theoretisch ganz schön verrenken: Planeten bewegen sich da auf kleinen Kugeln, die sich auf größeren Kugeln abrollen usw. Höchst kompliziert, aber irgendwie schluckten selbst die Koryphäen des Mittelalters diese Annahmen, schließlich stammten sie von Claudius Ptolemäus, dem großen Mathematiker, Astronomen und Geografen, der 130 Jahre nach Christi Geburt die Gedanken des Philosophen Aristoteles in Zahlen und Formeln zu gießen verstand. Sein Modell sah die Bewegungen der Planeten als völlig reibungsfrei an. Und ohne den Widerstand der Reibung bewegen sich alle Planeten und Sterne völlig frei und sind in allen Einzelheiten vorausberechenbar. Für Ptolemäus war der Weltraum noch der Himmel, und der war leer, sauber und ohne jeden Fehl und Tadel.

Es war dann aber vor rund 400 Jahren doch genug mit den Kugeln und Kügelchen und noch einigen anderen mathematischen Tricksereien, nur um die Theorien eines Philosophen zu retten, weil der von Thomas von Aquin um 1260 zur wichtigsten philosophischen Quelle für die katholische Theologie geadelt wurde. Seit dem 16. Jahrhundert begannen ganz große Geister, die Dinge am Himmel sehr genau zu berechnen und vor allem sehr genaue Vorhersagen zu machen. Nikolaus Kopernikus, Tycho Brahe, Johannes Kepler und Galileo Galilei kreierten durch ihre Beobachtungen ohne und mit Fernrohren, immer genaueren Berechnungen und sogar ersten Experimenten die Physik des Himmels. Gekrönt wurde dieses erste Aufblitzen der logischen, mathematischen und durchweg objektiven Naturdurchdringung durch Isaac Newton. Er formulierte nicht nur das erste Naturgesetz, das die Schwerkraft beschreibt, sondern er setzte auch die drei Axiome auf, die jeder im Physikunterricht lernt: Ein Körper, auf den keine Kräfte wirken, bleibt in Ruhe oder in gleichförmiger Bewegung. Kraft ist Masse mal Beschleunigung. Kraft ist gleich Gegenkraft. Diese Forderungen bilden das Fundament der klassischen Mechanik, mit ihrer Hilfe lassen sich die Bewegungen am Himmel nachvollziehen und vorausberechnen. Aber das nur am Rande, ich will auf etwas anderes hinaus.

Welche Bedeutung hat es nun für Mensch und Gesellschaft, dass man endlich feststellen konnte: Wir können die Bewegung am Himmel vorausberechnen. Was für eine Macht! Schon in den alten Kulturen hatten diejenigen, die etwas vorhersagen konnten, was dann tatsächlich eintrat, großes Ansehen. Sie waren diejenigen, die offenbar mehr wussten als alle anderen. Und hier betritt dann zu Beginn der Neuzeit eine relativ überschaubare Gruppe von Menschen die Bühne, die in der Lage waren, sehr präzise vorauszusagen, was am Himmel passierte, an genau dem Himmel, der im Mittelalter und auch in der beginnenden Neuzeit noch als die große Hülle des Seienden aufgefasst wurde. Die gängige Haltung bis Kopernikus war: Wir Menschen leben hier unten und können eigentlich froh sein, dass uns der Himmel nicht auf den Kopf fällt, um einen berühmten Gallier zu zitieren.

Wenn jemand die Dinge im Himmel berechnen kann, dann kann dieser Jemand alles berechnen, so dachte man nun. Dann gibt es keine Grenzen mehr. Berechnen heißt ja, etwas kontrollieren zu können unter dem Zwang von Zahlen und Formeln. Vertrauen ist gut, Kontrolle ist besser. Kontrolle bedeutet Macht. Die Himmelsmechaniker der beginnenden Neuzeit waren intellektuell die Mächtigsten ihrer Zeit. Alle hatten Angst vor ihnen. Das ging so weit, dass einige von ihnen sogar verbrannt oder unter Hausarrest gestellt wurden, weil das, was sie erzählten, die bestehenden Machtstrukturen infrage stellte.

Vor dem Erscheinen der großen Denker, Mathematiker und Astronomen des 16. und 17. Jahrhunderts war die Welt noch ganz anders gedacht worden. Da hatte nur einer die Macht über die Dinge im Himmel: Gott. Und jetzt kommen hier sogenannte Naturphilosophen (den Begriff »Wissenschaftler« gab es damals noch gar nicht) und behaupten, auch sie könnten Macht über die Natur ausüben, indem sie diese berechneten. Und zwar nicht so, dass man auf die Großzügigkeit der Natur vertrauen muss, sondern im Gegenteil in der Art, dass man die Natur aufgrund der neuen Erkenntnisse und Berechnungen so weit verändern kann, dass sie genau das tut, was wir wollen. Ein wahnsinniges Versprechen, das damals gegeben wurde und das über drei, vier Jahrhunderte hinweg *das* Erfolgsrezept des Abendlandes wird, ein Narrativ. Ein Narrativ ist eine Erzählung über die großen Linien einer Kultur. Die Griechen zum Beispiel hatten das Narrativ der großen Helden des Trojanischen Krieges und der Abenteuer des Odysseus. Letztere stehen beispielhaft für eine sich im Abendland erst sehr viel später intensivierende und vollziehende Entwicklung, nämlich die Emanzipation von den Göttern und von Gott. Odysseus ist listig, ist schlau, er kann sich sogar – mit göttlicher Hilfe zwar – anderen Göttern entgegenstellen. Er ist eine der ersten Figuren der Menschheitsgeschichte, die der Natur und ihren Gewalten getrotzt und selbstbewusst behauptet haben: Moment, ich bin auch hier, ich habe auch ein Recht, hier zu sein, und ich habe ein Recht, von meiner Erkenntnisfähigkeit Gebrauch zu machen und die Welt so zu verändern, wie ich sie gerne hätte.

Es sollte dann aber noch viele Jahrhunderte dauern, bis in relativ kurzer Zeit einige schlaue Köpfe zusammenkommen und über die Frage nachdenken: Was passiert dort oben am Himmel? Sie formen ein neues Weltbild. Sie vertrauen nicht mehr den Sinneseindrücken, sondern sie verwenden Prinzipien von Logik, Mathematik und Physik, also geistige Prinzipien, um das alte geozentrische Weltbild zum Einstürzen zu bringen. Und so ist es eben keine Kränkung, die uns Kopernikus mit seinem neuen Modell zufügt, dass die Erde nur ein Planet unter vielen ist, die die Sonne umkreisen. Sondern es ist der Aufruf: Mensch, du bist kein Tier, das sich nur auf seine Sinne verlassen kann! Mensch, du hast Vernunft und Verstand, nutze deinen Geist zur Erklärung der Welt!

Das Manifest der Aufklärung hängt direkt mit der Entwicklung der Himmelsmechanik zusammen. Und die wiederum funktioniert so gut, weil der Weltraum, der physikalische Himmel, so leer ist, dass die Bewegungen der Himmelskörper sich ebenso reibungsfrei abspielen wie von Ptolemäus einst postuliert und die einfache Mechanik ausreicht. Die in den folgenden Jahrhunderten zur Maxime erhobene Vorstellung der totalen Berechenbarkeit natürlicher Abläufe speist sich ganz aus den Triumphen der Himmelsmechanik. Und letztlich basiert die Geistesbewegung der Aufklärung auf dieser vorgeblichen Berechenbarkeit. Die Natur als Maschine, die von uns Menschen beherrscht werden kann mittels unseres Geistes, des Verstandes und der Instrumente der Rationalität – das ist das geistesgeschichtliche Resultat der Himmelsphysik. Wer den Himmel berechnen kann, der kann alles berechnen. Wissen ist Macht, und damit beginnt ein großes Missverständnis bezüglich der Kontroll- und Steuermöglichkeiten der natürlichen Stoffkreisläufe, mit dessen Konsequenzen wir heute in allen ökologischen Krisen immer mehr zu tun haben. Die Natur hier auf der Erde ist nämlich gar nicht so einfach wie die Bewegungen der Planeten. Man sieht also, was eine zu intensive Projektion des Himmels auf die Erde anrichten kann, denn die Vertreter der Aufklärung lassen im 17. und 18. Jahrhundert ein extrem mechanisches, eben maschinelles Bild von der Welt erstehen, in dem die Erde sich um die Sonne dreht, begleitet von den anderen Planeten, die ebenfalls um die Sonne kreisen. In der unmittelbaren Nähe der Erde bewegt sich der Mond um die Erde. Mond- und Sonnenfinsternisse werden auf diese Weise zu genau vorherberechenbaren Ereignissen und sind keine Bedrohung mehr. Niemand muss mehr denken: O Gott, uns fällt der Himmel auf den Kopf, wenn die Sonne sich verfinstert. Nein, sie wird wieder hell werden, man kann sogar genau vorhersagen, wann und wo das passieren wird. 1705 erklärte der Astronom Edmond Halley: »Dieser Komet, der wird wiederkommen. Ich weiß nicht, ob ich es noch erlebe, aber er wird garantiert wiederkommen.« Und er kam wieder.

Auf diese Weise wurde die Stabilität des Universums in unserem Sonnensystem nachgewiesen. Und dieser Nachweis der Stabilität des Universums ist das Narrativ, der Mythos der modernen Technologie. Dass wir heute Technik betreiben, hat damit zu tun, dass wir glauben, wir könnten alles auf der Welt ganz genau berechnen, könnten es vorhersagen und könnten aufgrund dieser Stabilität der Vorgänge in der Natur Maschinen bauen, die immer wieder exakt das Gleiche tun. Das heißt: Die Rhythmen, die wir in der Natur als periodisch wiederkehrende Vorgänge am Himmel identifiziert haben, werden jetzt ersetzt durch den Takt, durch das exakt immer Wiederkehrende.

Leider unterliegt dieses zentrale Manifest der Moderne einem Missverständnis, denn nach allem, was wir wissen, sind alle natürlichen Vorgänge eher rhythmisch. Sie haben eine gewisse Spannbreite. Es gibt leicht abweichende Variationen des immer Gleichen. Wir allerdings als Lebewesen, die vielleicht aus Angst vor der Natur möglichst starke Kontrolle ausüben wollen und nicht nur die Vergangenheit, sondern vor allen Dingen auch die Zukunft so genau wie möglich kennenlernen wollen, bevorzugen das Exakte, das keine Variationen des immer Gleichen zulässt, keine Variabilität, sondern immer und immer wieder das Gleiche. Denken Sie nur an Ihren Pkw, stellen Sie sich vor, Sie fahren mit Ihrem Wagen bei einer Geschwindigkeit, welche die Kurbelwelle dazu zwingt, sich 3000-mal pro Minute zu drehen. Dann wiederholt sich in zehn Minuten Fahrt der technische Vorgang im Motor 30 000-mal, unabhängig davon, ob es regnet oder schneit, ob es dunkel ist oder hell. Anfang des 19. Jahrhunderts wird dieses Narrativ gipfeln im Dämon des französischen Physikers, Astronomen und Mathematikers Pierre-Simon Laplace: Nenne mir alle Orte und Geschwindigkeiten aller Teilchen in diesem Universum, und ich rekonstruiere dir komplett die Vergangenheit und sage dir komplett die Zukunft voraus. Das ist der totale Determinismus, alles ist genau bestimmt, determiniert durch die Gesetze der Newtonschen Mechanik. Allerdings auch nur dann, wenn nur die Newtonsche Mechanik gelten würde. Tja.

Was ich mit alldem sagen will: Die physikalischen Kenntnisse vom Universum haben Konsequenzen für uns und unseren Alltag. Dafür genügt ein Blick darauf, welche Technologien wir heutzutage benutzen, mit welcher Präzision wir kommunizieren, mit welcher Geschwindigkeit wir kommunizieren. Unsere modernen Alltagsgeräte sind nichts anderes als der technische Niederschlag wissenschaftlicher Erkenntnisse. Doch müssen wir heute auch konstatieren, dass die Vorstellung, alles auf der Welt sei ganz genau zu berechnen und vorherzusagen und damit auch zu kontrollieren, völlig falsch ist. Es könnte sein, dass uns auch da das Universum wieder auf den rechten Weg führt.

Wir Astronomen werden immer wieder gefragt, was dem Otto Normalverbraucher eigentlich die ganze Forschung über das Gewese da über unseren Köpfen bringt. Ich hoffe, meine bisherigen Ausführungen haben gezeigt, welchen Sinn und welche Macht das scheinbar so nutzlose Wissen über die astronomischen Gesetze hat. Diese stellen die Fundamente unseres physikalischen Weltbildes dar. Und alle technologischen Entwicklungen der letzten Jahrhunderte fußen auf den Erkenntnissen der ersten Meister der Physik des Himmels. Das Universum ist unser großer Lehrmeister! Was das Universum mit uns zu tun hat? Es ist das Verfassungsgericht der Naturgesetze, hier wird dank der grundlegenden Gesetze des ganzen Kosmos geurteilt.

5

DER STOFF, AUS DEM NICHT NUR DIE STERNE SIND

Kommen wir von den philosophischen Höhen der Wissenschaftsgeschichte zu einer anderen Geschichte, der Geschichte der chemischen Elemente, aus denen der Planet besteht, auf und von dem wir leben. Gestatten Sie mir, bevor wir, im wahrsten Sinne des Wortes, den Boden der Tatsachen betreten, noch einen kurzen Exkurs in die Wissenschaftstheorie, also doch noch einmal Philosophie. Es geht um die Erklärung von historisch einmaligen Abläufen. Vieles im Universum, auch die Entstehung des Universums und die nachfolgenden Prozesse, hätte auch anders verlaufen können. In der Philosophie nennt man solche Vorgänge kontingent, sie sind nicht notwendig. Um aus diesen einmaligen Abläufen trotzdem etwas lernen zu können, bedarf es noch einer zusätzlichen Annahme, und zwar derjenigen, dass die Naturgesetze damals genauso galten wie heute. Dann lässt sich aus der Geschichte der Natur auch etwas lernen für unsere Gegenwart und sogar Zukunft. Nichtsdestotrotz, historische Abläufe sind eine Herausforderung für nichthistorische Naturwissenschaften wie Chemie und Physik. Für die Biologie oder Geologie sind die Lebens- beziehungsweise Erdgeschichte Teil ihrer wissenschaftlichen Methodik, nicht jedoch für die Physik. Hier herrscht definitionsgemäß absolute Zeitlosigkeit, die fundamentalen Teilchen, aus denen die Materie besteht, sind zwar teilweise instabil, aber die stabilen sind ewig, so wie auch die Gesetze, die die Grundkräfte beschreiben – auch sie waren schon immer da.

Nun zur Herkunft der Elemente unseres Planeten. Woher kommen eigentlich die Elemente, auf denen wir stehen, die wir einatmen, die wir aufnehmen, die sich mit uns verbinden, von denen wir leben, die sich in uns erneuern, die uns unter anderem eben auch die Energie geben für unser Leben? Die Antwort ist einfach: von den Sternen. Um Sterne zu verstehen, muss man Atomkerne verstehen – Sternphysik ist Kernphysik. Es gibt also eine enge Verbindung zwischen uns Menschen, der Materie, aus der wir bestehen, und dem ganzen Kosmos, in dem die Elemente entstanden sind. Astronomie ist angewandte Physik, eben Astrophysik. Das mag für den ein oder anderen enttäuschend sein, der sich bei der Beschäftigung mit der Astronomie eigentlich an den Sternen erfreuen möchte und dann auf einmal bei Atomkernen landet. Es soll tatsächlich Menschen geben, die sagen: Mir kommt kein Atomkern in den Kaffee. Doch ein Kaffee ohne Atomkerne, das wäre dann nichts. Ohne Kern ist ein Atom nichts. Der Kern macht 99,99 Prozent der Masse eines Atoms aus. Woher kommen Atomkerne, woher kommt die Materie, woher kommen Silizium, Aluminium, Magnesium, Kohlenstoff, Stickstoff, Sauerstoff etc.? Wo ist die Produktionsanlage? Wer macht sich schon Gedanken darüber, woher das ganze Material kommt, aus dem die elektrischen Zaubergeräte bestehen, die wir in unseren Händen halten oder die uns im Griff haben. Ab und zu hört man dann, dass im Kongo Kinder nach Tantal und Kobalt graben, aber so genau wollen die meisten es dann lieber doch nicht wissen. Doch zurück zum Kosmos: Wie sind die Atome entstanden?

Diese Frage führt uns wieder zum Universum, denn es ist der Ort, woher die Elemente kommen. Beginnen wir mit der Frage: Was ist eigentlich ein Stern? Einen haben wir direkt vor unserer

Haustür … Na gut, vor der Haustür ist vielleicht ein wenig untertrieben, 150 Millionen Kilometer sind eigentlich keine Kleinigkeit, in kosmischen Maßstäben jedoch schon. Auf alle Fälle ist die Sonne ein Stern. Ein Planet dreht sich um einen Stern, und wenn er nicht zu weit weg ist – es wäre dann zu kalt auf dem Planeten – und nicht zu nah dran – es wäre dann zu heiß –, dann können unter Umständen Bedingungen vorherrschen, dass Materie beginnt, etwas zu tun, was sie normalerweise im ganzen Universum so nicht tut: Sie entwickelt nämlich Leben. Doch hier nun soll es um den Abstand von Planet und Stern gehen. Wie kam der Planet zu seinem heutigen Ort, wie kamen die Elemente, aus denen der Planet besteht, dorthin, und wie wurde daraus der Planet?

Ein Stern, wie auch unsere Sonne, ist eine große strahlende Kugel aus Gas. Sobald die Sonne untergegangen ist, sinkt die Lufttemperatur. Ganz offensichtlich ist diese Lichtquelle auch eine Wärmequelle. Es muss irgendwie Energie von ihr zu uns auf die Erde kommen. Irgendwie setzt die Sonne etwas frei, das dann zu uns fließt und hier auf der Erde die Temperaturen erhöht. Diese Energiefreisetzungsmaschine war für die Wissenschaft lange Zeit ein echtes Mysterium, weil man einfach nicht ahnte, was sich im Inneren eines solchen Gasballes alles abspielen kann. Im 19. Jahrhundert fand man lediglich eine Erklärung für die Ursache der Strahlung der Sonne: ihre eigene Schwerkraft. Ist ein Körper so schwer, dass die Wirkung seiner eigenen Masse auf sich selber einen Druck im Inneren erzeugt, dann wird er im Inneren heiß und wird entsprechend seiner Temperatur strahlen. Die Temperatur an der Oberfläche kann man genau berechnen. Nach ca. 30 Millionen Jahren wäre die Sonne nach dieser Rechnung allerdings durch ihre Strahlung so weit abgekühlt, dass sie nicht mehr leuchten würde. Die Sonne wäre dann quasi von selbst abgebrannt.

Es gab ja schon immer Menschen, die ausschließlich die Bibel als Informationsquelle gelten lassen. Nach der Summation aller in der Bibel auftauchenden Altersangaben errechnete im 18. Jahrhundert Bischof James Ussher sogar den genauen Termin der Erschaffung der Welt. Demnach begann die Schöpfung am 23. Oktober des Jahres 4004 vor Christus, um 9 Uhr. Für die Bibeltreuen, wie etwa auch den Vizepräsidenten der USA unter Donald Trump, ist die Welt also nur wenige Tausend Jahre alt. Aber es gab eben auch diejenigen, die im 18. Jahrhundert damit begannen, im Boden nach Spuren alter, ganz alter Zeiten zu suchen. Nicht nur Archäologen auf der Suche nach untergegangenen menschlichen Kulturen, sondern auch Geologen, die die Geschichte der Erde nacherzählen wollten, und Paläontologen, die der Geschichte des Lebens auf der Spur waren. Und sie fanden tatsächlich Reste aus sehr alten Zeiten und von Lebewesen, die damals lebten. Sie fanden die Schichtung der Gesteine, Fossilien und erschlossen daraus die verschiedenen Erdalter. Den Entdeckern all dieser Schätze aus der Urzeit war schnell klar, dass es da mit ein paar Tausend Jahren nicht getan ist. Geologen vor allem nutzten das Prinzip des Durchschnitts und das Prinzip der Aktualität. Man nimmt an, dass die Vorgänge in der Natur sich vor Jahrmillionen genauso abgespielt haben wie heute. Man analysiert die Prozesse von heute und überträgt sie auf frühere Zeiten. Zum Beispiel benötigt ein Fluss eine gewisse Zeit, um einen Graben im Boden zu erzeugen. Wenn man weiß, wie lange ein Fluss braucht, um einen Zentimeter Land abzutragen, dann lässt sich berechnen, wie lange er für einen Kilometer braucht.

Was im frühen 19. Jahrhundert zusammengetragen wurde, deutete darauf hin, dass die Erde nicht nur viel älter als ein paar Jahrtausende sein muss, sondern auch älter als 30 Millionen Jahre, der damalige Zeithorizont für die Sonne unter dem Einfluss ihrer eigenen Schwerkraft. Sowohl die Geologie als auch die Biologie mit ihrer Evolutionstheorie mussten viel längere Zeiträume für die notwendigen Entwicklungsschritte des Planeten und des Lebens auf ihm zugrunde legen. Es entbrannte schließlich eine intensive Diskussion darum, dass die Physik offenbar nicht in der Lage war zu erklären, wie die Sonne es geschafft haben könnte, unseren Planeten Erde über einen Zeitraum von länger als 30 Millionen Jahren irgendwie so zu erwärmen, dass auf ihm noch Bedingungen für Leben herrschten.

Im 19. Jahrhundert war also noch völlig unklar, wie alt die Sonne ist und woher sie ihre Energie zur Strahlung nimmt, ein durchaus großes Problem für das damalige Weltbild. Es bedurfte schließlich einer Entdeckung aus der Welt der elementaren Bausteine der Materie, um dieses Problem zu lösen. Immerhin fand man im 19. Jahrhundert weitere Beweise, dass die Erde sich um die Sonne dreht und die anderen Sterne sehr weit weg sind. 1838 zeigte Friedrich Wilhelm Bessel mittels seiner Beobachtungen der Parallaxe, dass die Sterne Lichtjahre von uns entfernt sind. Das war übrigens auch der Grund, weshalb es so lange gedauert hat, einen Effekt zu messen. Denn das heliozentrische Weltbild weist folgendes Problem auf: Wenn die Erde sich tatsächlich um die Sonne herum dreht, dann müssten die Sterne am Himmel ja ständig ihre Positionen verändern. Das ist die bereits erwähnte Parallaxe, deren Effekt Sie bestimmt von folgendem Versuch kennen: Blicken Sie abwechselnd mit dem linken und dem rechten Auge (das jeweils andere Auge bleibt geschlossen) auf den am ausgestreckten Arm hochgestreckten Daumen, so scheint der Daumen hin und her zu springen und seine Position zu verändern.

Und so erwartete man eben auch, dass aufgrund der Bewegung der Erde um die Sonne herum sich die Positionen der Sterne im Jahr sozusagen rhythmisch verändern. Das tun sie aber nicht. Diese Erwartung war nur möglich, weil man bis weit ins 19. Jahrhundert eine völlig falsche Vorstellung von den räumlichen Dimensionen des Universums hatte. Man ahnte noch nicht, wie weit die Sterne von uns entfernt sind. Um die winzigen Parallaxenwinkel am Himmel messen zu können braucht es sehr gute Teleskope von einer Qualität, wie sie erst im 19. Jahrhundert zur Verfügung stand. In diesem Jahrhundert begann endlich die Physik des Himmels: Unser Stern, die Sonne, ist nur einer von vielen Sternen innerhalb der Milchstraße, die offenbar eine Insel voller Sterne ist. Die Forscher damals erkannten, dass man nicht nur verstehen muss, wie die Sonne funktioniert, sondern dass es um Sterne überhaupt geht. Als man herausfand, wie weit die Sterne von uns entfernt sind, konnte man aus dem Abstand und der Helligkeit am Himmel auf die tatsächliche Leuchtkraft der Sterne schließen. Da gibt es Sterne, die sind tausendmal heller als die Sonne. Manche haben sogar andere Farben. Während unsere Sonne im grün-gelben Bereich des sichtbaren Lichtes strahlt, tun dies andere im blauen Bereich. Sind das nun kleinere oder größere, leichtere oder schwerere Sterne, und was hat ihre Masse mit ihrer Leuchtkraft zu tun?

Erst die Entdeckung des radioaktiven Zerfalls und damit der Energie, die in den Atomkernen steckt, machte es möglich, ein physikalisches Modell dafür zu entwickeln, was sich im Inneren eines Sterns abspielen könnte. Das neue Modell musste vor allem begründen, warum ein Stern viel länger strahlen kann als die Zeitspanne, die sich durch den auf sich selbst ausgeübten Schwerkraftdruck ergibt. Es sollte die Leuchtkraft eines Sterns erklären über Zeiträume, die so lange sind, dass sich Leben auf der Erde, aber auch auf anderen Planeten entwickeln konnte. Dafür braucht es Milliarden Jahre, wenn das Leben auf der Erde der kosmische Durchschnitt ist. Unsere Sonne ist tatsächlich ziemlich nahe dran an der Durchschnittsgröße aller Sterne in der Milchstraße, die ca. 80 Prozent der Sonnenmasse entspricht.

Ein entscheidendes Ergebnis der astrophysikalischen Forschung war, dass Sterne geboren werden und auch wieder vergehen. Das heißt: Auch unsere Sonne ist irgendwann entstanden und wird irgendwann ihren Brennstoff verbraucht haben. Aber ich greife vor.

Wichtig ist zunächst einmal: Anfang des 20. Jahrhunderts hatte man eine Idee davon, wie im Inneren eines Sterns Atomkerne miteinander verschmelzen können – und dies entgegen der klassischen Vorstellung, dass zwei gleichnamige Ladungen sich eigentlich abstoßen müssen. Die Kernfusion von leichten Atomkernen zu schwereren verlangt nach einer Kraft, die der elektromagnetischen Abstoßung zweier gleichnamiger Ladungen überlegen ist, und zwar deutlich. Diese Kraft muss nicht nur sehr stark sein, sondern sie muss auch Kernprozesse ermöglichen, bei denen sehr große Mengen an Energie frei werden. Diese im Zentrum des Sterns freigesetzte Energie drängt nach außen. Da die Verschmelzungsrate der Atomkerne von Dichte und Temperatur abhängig ist und die beiden Parameter wiederum von der Masse des Sterns, ergab sich eine höchst verständliche physikalische Erklärung: Die Fusion von Atomkernen hängt von der Masse des Sterns ab und setzt Energie frei, die es überhaupt erst ermöglicht, dass ein Stern unter der Wirkung seiner eigenen Schwerkraft stabil bleibt. Er bricht nicht unter seiner Schwerkraft zusammen, und er dehnt sich auch nicht in den Raum hinaus aus. Dadurch, dass im Inneren Energie nach außen dringt und auf der anderen Seite die Schwere des eigenen Körpers diesen Körper zusammenhält, ergibt sich ein Gleichgewicht. Der Stern mag dabei schwingen, doch diese Schwankungen der Sterngröße sind im Gleichgewicht winzig im Vergleich zur Größe etwa des Sonnensystems.

Das neue Modell besagte: Die Sonne ist ein Kernfusionsreaktor. Ein Kernreaktor, in dem große Mengen an Energie freigesetzt werden. Wenn nur ein winziger Teil ihrer Masse in Energie verwandelt wird, ca. 4,3 Millionen Tonnen pro Sekunde, dann wäre sie in der Lage, über viele Milliarden Jahre ihre Leuchtkraft bereitzustellen und ihre Energie über dem Planeten Erde auszuschütten. Bei zwei Quadrilliarden Tonnen oder 333 000 Erdmassen ist das leicht möglich. Bis 1995 fehlte aber noch der direkte Hinweis auf die Richtigkeit dieser Modellvorstellung. Neben der Strahlung, die sich mühsam durch den Stern quälen muss und erst nach sehr langer Zeit an die Sonnenoberfläche gelangt, entstehen bei der Verschmelzung von Atomkernen noch andere Teilchen, die Neutrinos. Sie durchdringen den Stern, sie erfahren keinerlei Abbremsung durch irgendeine Form von Materie, sie kommen direkt aus dem Kern, sie unterliegen nur der schwachen Kernkraft. Einmal raus aus dem Kern, sind sie quasi frei und rasen mit annähernd Lichtgeschwindigkeit aus dem Zentrum der Sonne in etwas mehr als zwei Sekunden an deren Oberfläche und sind nach gut acht Minuten hier bei uns. Sie sind schwer nachzuweisen, doch in großen Tanks und im Eis der Antarktis gelang es schließlich. Aus dem Jahr 1995 stammt das erste Neutrinofoto vom Kern unserer Sonne. Neutrinos sind also die rasenden Überbringer der frohen Botschaft, dass die Sonne ein Kernreaktor ist.

Sterne sind also Fusionsreaktoren. Die großen Sterne, die viel schwerer sind als die Sonne, verbrennen nicht nur Wasserstoff zu Helium oder Helium zu Kohlenstoff und Sauerstoff, sondern sie erzeugen auch noch viel schwerere Elemente. Je schwerer die Sterne werden, desto größer ist der Druck auf ihre eigene Fusionsanlage im Inneren, desto schneller werden die Kerne im Inneren verschmolzen, desto schneller ist das Leben der Sterne zu Ende. Es gibt also einen direkten Zusammenhang zwischen der Masse eines Sterns und seiner Temperatur und seiner Lebensdauer. Wenn ganz große Sterne am Ende der Fusionskette angekommen sind, dann explodieren sie, weil sie in sich zusammenfallen. Diese Explosionen sind der Grund dafür, dass wir hier auf der Erde sind, denn die chemischen Elemente, aus denen alles besteht, werden durch diese Sternexplosionen ins Universum hinausgetragen. Eigentlich logisch, wo sollen die Elemente denn sonst herkommen. Sterne als Kernverschmelzungsfabriken erzeugen aus leichten Elementen schwere Elemente, praktisch das ganze periodische System der chemischen Elemente. Unter normalen Bedingungen geht das nur bis zum Element Nummer 26, Eisen. Lediglich bei der Verschmelzung von leichteren Elementen bis hin zu Eisen wird Energie frei. Alle schwereren Elemente können nur durch Energiezufuhr entstehen. Ist die Brennstufe Eisen erreicht, wird keine Energie mehr frei, dann fehlt der Druck nach außen. Was jedoch bleibt, ist die Schwerkraft. Genau deshalb bricht der Stern unter der Wirkung seiner eigenen Masse zusammen. Die Temperaturen im Inneren steigen durch Verdichtung, und genau diese zusätzliche Energie, die als Quelle den Kollaps eines großen Sterns hat, baut alle Elemente schwerer als Eisen auf. Ist der Kollaps dann fast zu Ende gekommen, explodiert der ganze Stern und presst alles, was er erbrütet hat, ins Medium zwischen den Sternen. Die Explosion geht darauf zurück, dass so viele Neutrinos bei den Kernreaktionen entstehen. Ihr Druck erst treibt die Hüllen auseinander.

Was für eine Geschichte! Gold, schwerer als Eisen, ist wirklich ein Edelmetall, das Universum hat sich ziemlich viel Arbeit damit gemacht. Große Sterne geben die Elemente, die sie in sich erbrüten, dem Universum zurück, sodass wieder neue Sterne entstehen können. Also auch hier ein Generationenvertrag. Und damit wird deutlich, dass unsere Sonne und die Planeten um die Sonne herum nicht zu den ersten Sternen in der kosmischen Geschichte gehört haben können, denn es mussten zunächst einmal in mehreren Sternfamilien genügend schwere Elemente erzeugt werden, damit ein Stern entstehen konnte, der von Felsenplaneten, gemacht aus Eisen, Nickel, Uran, umrundet wird.

Bevor es nun zur Bildung von Planeten kommt, müssen erst einmal Sterne entstehen, die die Elemente bereitstellen, aus denen die Planeten bestehen. Wenn ein Stern eine Gaskugel ist, stellt sich die Frage, wie aus einem im Weltraum verteilten Gas ein Stern entstehen kann. Offenbar muss genügend Gas vorhanden sein, damit die Gravitation das Material unter seiner eigenen Massenwirkung zusammenballen lassen kann. Die Gravitation, die schwächste aller Kräfte, die einzige nicht abschirmbare Kraft im Universum, kann nur dann richtig wirksam werden, wenn genügend Masse in einem Volumen zusammengekommen ist. Ist eine Grenze der Dichte, also von Masse pro Volumen, überschritten, beginnt eine Gaswolke unter ihrer eigenen Massenwirkung zusammenzufallen, drückt sich zusammen, wird dabei immer heißer. Diese Wärmeenergie, die letztlich aus ihrer eigenen Gravitation stammt, verliert die sich bildende Gaswolke in Form von elektromagnetischer Strahlung. Und solange die Wolke noch nicht zu dicht geworden ist, kann die Strahlung frei entweichen, die Wolke kann weiter schrumpfen. Im Zentrum steigt die Dichte so an, dass sich ein Protostern bildet. Dieser Vorstern ist so dicht, dass die Strahlung, die durch diese Kompression freigesetzt wird, nicht mehr entweichen kann. Die Gaskugel ist optisch dick. Von nun an fällt Gas auf diese immer heißer werdende Kugel, bis sie in ihrem Inneren eine so hohe Temperatur und Dichte erreicht, dass kernphysikalische Verschmelzungen anlaufen können – der Stern ist da. So wird – vereinfacht beschrieben – aus Gas ein Stern.

In den Gaswolken des interstellaren Mediums entstehen ständig neue Sterne. Pro Wolke nicht nur einer, sondern viele. Die interstellaren Gas- und Staubwolken sind riesig, sie sind Hunderte von Lichtjahren groß. An vielen Orten in diesen Wolken ist die Dichte ein wenig höher als in der Umgebung. Überschreitet sie den Grenzwert, setzt die Gravitation ein, und der Kollaps beginnt. Nur dort, wo die Dichte hoch genug ist, wird der Kollaps innerhalb der Gaswolke sich weiter beschleunigen, und es werden Sterne entstehen, möglicherweise sogar Sternhaufen. Auf eine grundsätzliche Eigenschaft muss ich hier aber noch einmal hinweisen, man überliest es so schnell: Durch die fundamentale Nichtabschirmbarkeit der Gravitation ist es unvermeidlich, dass, sobald eine bestimmte kritische Dichte überschritten wird, ein physikalisches Objekt beginnt zu kollabieren. In Gaswolken steht nur der Gasdruck der Schwerkraft entgegen. Aus der Balance der beiden Kräfte lässt sich die Mindestdichte errechnen. Falls es noch andere Kräfte geben sollte, die sich der Schwerkraft entgegenstellen, kommen andere Dichten ins Spiel.

In Gaswolken also entstehen Sterne, nicht nur eher kleine Sterne wie unsere Sonne, sondern auch ganz große, die am Ende ihres Lebens die Fracht an Elementen, die sie erbrütet haben, ans Universum zurückgeben. Nun ist es nicht so, dass alle Sterne gleichzeitig in einer Gaswolke entstehen. Während an einer Stelle vielleicht bereits ein Stern mitten in der Entwicklung steht und an einer anderen gerade einer dabei ist, in eine Phase zu treten, in der er demnächst anfangen wird zu scheinen, sind andere Sterne über die normale Kernverschmelzung hinaus bereits entwickelt.

Nun muss man Folgendes beachten: Große Sterne leben nicht lange, haben sich also kaum von dem Raumbereich entfernen können, in dem sie entstanden sind. Entstanden sind sie, wie alle Sterne, in Gaswolken, sehr großen Gaswolken. Die über 100 Lichtjahre großen Wolken sind geprägt durch unterschiedlich hohe Dichten. Mal etwas weniger, mal etwas höher. Wenn nun also große Sterne innerhalb eines Sternentstehungsgebietes als erste explodieren, dann tun sie das fast immer in der Nähe von Bereichen, in denen die Dichte bereits gestiegen ist. Wenn nun eine Explosionswelle einer Supernova auf einen etwas dichteren interstellaren Bereich trifft, dann trägt die Druckwelle Material und Impuls ein. Die Dichte erhöht sich rapide, und es entstehen neue Sterne. Und diese neuen Sterne, samt ihren Gas- und Staubscheiben, enthalten die chemischen Elemente, die mittels der Supernova-Explosion ins interstellare Medium gedrückt wurden. So entstehen immer neue Sterngenerationen, deren Anteil an schweren Elementen immer weiter zunimmt. Und schwere Elemente sind die Bausteine von Felsenplaneten. Man denke an unsere Erde, sie besteht im Wesentlichen aus Silizium, Magnesium, Kalzium, Aluminium, Eisen und Nickel. Musste alles in großen Sternen erbrütet werden.

Insofern kann man festhalten: Der Materiekreislauf in der Milchstraße ist die Bedingung der Möglichkeit, dass es im Universum Leben gibt. Nur deshalb können sich Planeten bilden. Und nur auf Planeten kann Leben entstehen. Man kann die Begründung für den Materiekreislauf sogar noch weiter fassen: Das Gravitationsfeld der Milchstraße garantiert, dass das Material explodierender Riesensterne nicht einfach ins Universum entweicht. Wir sind Kinder der Milchstraße.

Man stelle sich vor, es gäbe keine Galaxien. Alle Sterne wären zwar irgendwie entstanden, aber ansonsten stünden sie ganz alleine im All. Wenn da ein Stern explodierte, weil er am Ende seines Kernbrennens angekommen wäre, dann rasten seine Hüllen mit über zehntausend Kilometer pro Sekunde ins All. Und das war es dann. Das Material würde sich einfach verteilen. Nie wieder würde es zusammenfinden. Insofern sind auch Galaxien Vorbereiter der Möglichkeit von Strukturbildung bis hin zu Planeten, Monden und eben auch möglicherweise Leben auf einem bewohnbaren Planeten.

In der Tat: Alles deutet darauf hin, dass unser Sonnensystem eines dieser Systeme ist, die ihre Existenz einer zuvor explodierten Supernova verdanken. Es gibt Zeugen, die damals dabei waren: die Meteoriten. Aus der Analyse ihrer Zusammensetzung ergibt sich heute folgendes Bild: Ein Stern, 25-mal so schwer wie die Sonne, ist nur wenige Millionen Jahre bevor das Sonnensystem anfing zu kollabieren, explodiert, und zwar in einem Abstand von ungefähr einem Lichtjahr, vielleicht sogar weniger. Dabei hat seine schwere Fracht mit erheblichem Druck in diese bereits am Rande des Kollapses befindliche Gaswolke hineingepresst und hat es möglich gemacht, dass Felsenplaneten entstanden sind.

Es könnte übrigens sein, dass wir zu den ersten Lebensformen in unserer Milchstraße gehören. Seit 1995 finden wir in der Milchstraße Planetensysteme, einige Tausend immerhin. Hingegen stößt man auf keine Planeten um Sterne, die wesentlich älter sind als die Sonne. Das Alter eines Sterns hat immer etwas mit seinem Anteil an schweren Elementen zu tun. Je weniger schwere Elemente vorhanden sind, desto älter ist der Stern. Die Sonne gehört offenbar zu der Familie der Sterne, die womöglich als allererste in der Milchstraße in der Lage war, um sich herum Felsenplaneten zu bilden. Das könnte daran liegen, dass die chemischen Elemente nicht gleichmäßig in der Milchstraße verteilt sind und zugleich genügend Supernovae explodiert sein müssen, um das Gas zwischen den Sternen mit schweren Elementen anzureichern. Heute geht die Astrophysik davon aus, dass wir in der sogenannten bewohnbaren Zone der Milchstraße leben. Bei größeren Entfernungen vom galaktischen Zentrum gibt es viel weniger Sterne, deshalb auch viel weniger Supernovae und logischerweise auch weniger schwere Elemente. Näher am galaktischen Zentrum dagegen hat die hohe Sterndichte den Effekt, dass dort zwar genügend Elemente vorhanden sind, die zur Bildung von Planeten führen können, dass aber nahe Vorbeiflüge von benachbarten Sternen die Planeten wieder aus ihren Bahnen reißen.

Unser Sonnensystem liegt genau im Grüngürtel der Milchstraße, wo es keine zu nahen Sterne gibt, nicht zu viele Supernova-Explosionen, aber gerade genug für die Bildung von Planeten. Machen wir eine Inventur unseres Sonnensystems: Es musste, wie bereits erwähnt, ein Stern, der 25-mal so schwer war wie die Sonne, explodieren, um die Elemente bereitzustellen, aus denen die Planeten entstanden. Der größte Teil der Planetenmasse in unserem Sonnensystem wie überall im Universum besteht aus Wasserstoff und Helium. Das ist der Stoff, der überall ist. Doch hier auf der Erde zum Beispiel gibt es jetzt eher weniger Wasserstoff und Helium. Die sogenannten erdähnlichen Planeten bestehen durchweg aus Elementen, die deutlich schwerer sind als Helium. Es gibt zwar Gasplaneten, in deren Atmosphäre Sauerstoff, Stickstoff, Methan usw. vorkommen, doch die Planetenkörper selbst sind Brocken aus Silizium, Aluminium, Magnesium, Eisen und Nickel. Was ist die Ursache dafür?

Anders verhält es sich mit den großen Planeten, von denen man weiß, dass sie große Gaskugeln sind. Der Jupiter ist immerhin doppelt so schwer wie alle anderen Planeten zusammen, das heißt, er ist 317-mal so schwer wie die Erde. Der Saturn hat mit 95 Erdmassen etwa ein Drittel der Jupitermasse. Beide sind schnell rotierende Gaskugeln, die fünf- beziehungsweise zehnmal so weit von der Sonne entfernt sind wie die Erde.

Es hat die Forschung durchaus überrascht, dass nach mehr als 20 Jahren Suche nach extrasolaren Planetensystemen immer noch kein System entdeckt wurde, was auch nur annähernd so ähnlich ist wie unseres – und dabei wären wir durchaus in der Lage, ein solches zu finden. Entdeckt wurden dagegen vor allem Systeme mit Felsenplaneten, die sieben-, achtmal so schwer sind wie die Erde, sogenannte Supererden, und die wir im Sonnensystem in dieser Form nicht kennen. In diesen Systemen haben sich praktisch alle schweren Elemente in einem oder zwei großen Felsen gesammelt. Doch unser Sonnensystem, mit so kleinen Felsen wie dem Mars mit nur zehn Prozent der Erdmasse oder mit zwei so vergleichbaren Planeten wie Erde und Venus, ist bis jetzt einmalig.

Es drängt sich die Frage auf: Wie kam dieses System zustande, waren es doch spezielle Bedingungen, sind wir vielleicht doch nicht so durchschnittlich? Wenn wir jedoch kein besonderer Ort im Weltraum sind, dann bedeutet das: Die Elemente, auf denen wir stehen, die wir einatmen, die wir aufnehmen, aus denen wir bestehen, sind alle in Sternen erbrütet worden. Das gilt für alles im All. Doch dass als Voraussetzung für unsere irdische Existenz ein Stern explodieren musste, der 25-mal so schwer war wie die

Sonne, der mit seiner Explosion das sich gerade herausbildende Sonnensystem jedoch nicht zerstört hat, sondern im Gegenteil mit seinem Druck noch dazu beigetragen hat, dass es sich schneller entwickeln konnte, das ist doch eher nicht normal oder durchschnittlich. Die Planetenbildung in der Scheibe um die Sonne ist dann allerdings schon eher wieder normal, denn Scheiben um junge Sterne beobachten wir praktisch in allen Sternentstehungsgebieten der Milchstraße. Wir können also direkt beobachten, wie das Universum die Bedingungen dafür schafft, dass es überhaupt zur Planetenentstehung kommen konnte. Das war im Falle der Erde sicher ganz ähnlich, wie uns die Meteoriten bestätigen. Hier ist es eine Mischung von einigen Besonderheiten mit dem allgemeinen Durchschnitt. Und wahrscheinlich ist es diese Mischung aus speziellen und allgemeinen Randbedingungen, die darüber entscheidet, ob und wann etwas auf einem Planeten an lebensgünstigen Prozessen abläuft.

Während dieses Buch schon fast fertig gedruckt vorlag, kam noch folgende Meldung aus der Mondforschung: Die Menge an Natrium und Kalium im Mondgestein Regolith lässt nur einen Schluss zu: Die Sonne war in ihren ganz frühen Zeiten ein ganz langsam rotierender Stern. Deshalb waren die magnetische Aktivität an ihrer Oberfläche und der damit zusammenhängende Sonnenwind auch nicht so stark. Es gab zwar Ausbrüche, aber die waren längst nicht so intensiv. Deshalb wurde die Mondoberfläche auch nicht von einem sehr starken Sonnenwind getroffen, und deshalb ist zehnmal mehr Natrium und Kalium im Mondgestein enthalten, als man bei intensiverer Sonnenwindaktivität erwarten würde. Im Vergleich zu heutigen jungen sonnenähnlichen Sternen war die Sonne offensichtlich sehr ruhig, fast gutmütig. Junge G-Sterne (so heißen sonnenähnliche Sterne im Astronomenjargon) zeigen nämlich sehr starke Ausbrüche an ihrer Oberfläche. Hätte die Sonne in ihrer frühen Jugend einen genauso starken Sonnenwind wie die heutigen G-Sterne, dann hätte es die Erde hart getroffen, und sie hätte ihre Atmosphäre verloren. Also noch so ein kleines Puzzleteilchen zum Thema »Das Universum und wir«.

Wir leben auf einem Planeten, der einen Stern umkreist, der durchaus auch heute noch magnetisch sehr aktive Phasen durchlebt, die mit starken Plasmaexplosionen und Strahlungsausbrüchen verbunden sind. Bereits in früheren Zeiten stand die Erde mehrfach unter sehr starken solaren Strahlen- und Teilchenduschen. Dies ergaben neueste Analysen von Baumringen. Da zeigen sich nämlich zeitlich sehr eng begrenzte Erhöhungen des Gehaltes an C-14. Dieses Isotop des Elementes Kohlenstoff entsteht, wenn durch starken Sonnenwind schnelle Teilchen der Sonne auf die Erdatmosphäre prallen. Dabei werden Stickstoffkerne durch Neutroneneinfang aktiviert und zerfallen zu C-14. Mindestens zweimal in den letzten 1000 Jahren hat es starke Sonnenstürme gegeben.

Wie gefährlich solche Ausbrüche sein können, zeigen zwei Beispiele: Am 23. Mai 1967 fielen alle drei arktischen Radaranlagen des US-Frühwarnsystems BMEWS *(Ballistic Missile Early Warning System)* in Kanada, Nordengland und auf Grönland aus. Außerdem brach zur gleichen Zeit auch die gesamte Funkkommunikation zusammen. Die US-Militärs witterten sofort einen feindlichen sowjetischen Akt, versetzten die patrouillierenden Atombomber in Alarmbereitschaft, bestückten weitere Flugzeuge mit nuklearen Waffen und machten sie startklar. Es drohte der Dritte Weltkrieg. Während die militärische Maschinerie auf Hochtouren anlief, suchten zivile Wissenschaftler verzweifelt nach einer anderen Deutung – und fanden sie schließlich: Ein außergewöhnlich heftiger Sonnensturm hatte die Technik lahmgelegt. Dieses Ereignis wurde übrigens erst 2016 bekannt, fast 40 Jahre später. Und Anfang August 1972 kam es genau zwischen zwei Apollo-Missionen (Apollo 16 im April 1972 und Apollo 17 im Dezember 1972) zu einem so starken Sonnensturm, dass vor der nordvietnamesischen Küste an die 4000 US-Seeminen spontan explodierten. Der Sonnensturm hatte das Magnetfeld der Erde so starken zeitlichen Schwankungen ausgesetzt, dass die magnetischen Zünder der Minen sich spontan aktivierten.

Was ich damit sagen will? Nun, dass unsere technologische Zivilisation extrem verwundbar geworden ist. Es gibt durchaus kosmische Gefahren und Risiken, die unsere gesamte Zivilisation, verstärkt durch politische oder militärische Fehleinschätzungen, ruinieren könnten.

6

UNSER KOSMISCHES ZUHAUSE WIRD GEBOREN – VON WANDERNDEN RIESENPLANETEN

Gehen wir ein bisschen näher heran an unser Sonnensystem und befragen die Augenzeugen im Asteroidengürtel genauer, zunächst zur Bildung der Gasriesen … Über sie kann man auch anhand anderer Planetensysteme lernen, denn man findet solche Planeten um fast jeden Stern herum.

Die Gasplaneten sind die ersten Planeten, die sich in einer Scheibe um den jungen Stern herum entwickeln, genauer: Sie entstehen in einer Gas-Staub-Scheibe, die sich um das sich gerade formende zentrale Objekt bildet, das später einmal ein Stern werden wird. Staub und Gas trennen sich im Laufe der Umrundungen um den Stern. Das Gas landet im Wesentlichen weit entfernt vom Stern, der Staub hingegen bleibt nahe am Stern. Die Gasplaneten bilden sich am schnellsten, weil sie das Gas in der äußeren Scheibe aufsammeln. Diesen Prozess können wir heute auf Aufnahmen um andere Sterne herum »live« beobachten. Man erkennt darauf, wie Gas-Staub-Scheiben entstehen und wie die Planetenbildung Lücken in den Scheiben erzeugt. Vor allem das Gas der Scheibe sammelt sich in den Lücken und formt sich dort zu großen Gasplaneten. Der Planet zieht aus der ganzen Umgebung Material an sich heran. Daraus ergibt sich ein Loch in der Scheibe, und weil der

Planet seinen Stern umkreist, weitet sich das Loch zu einer durchgehenden Lücke aus.

Erste Indizien dafür, dass Gasplaneten die ersten Planeten sind, die sich um einen Stern herum bilden, lieferten bereits Beobachtungen in den 1980er-Jahren. Man suchte um junge Sterne herum nach molekularem Wasserstoff und stellte sich dabei die Frage: Wie lange dauert die Entstehung richtig großer Gasplaneten wie Jupiter, der 317 Erdmassen schwer ist? Die Erkenntnisse damals lieferten die ersten Hinweise, dass sich um ganz junge Sterne herum praktisch kein molekularer Wasserstoff mehr finden lässt. Dieser ist der wichtigste Stoff, aus dem sich Gasplaneten aufbauen. Deswegen war klar: Gasplaneten haben nur wenige Millionen Jahre Zeit, um sich zu bilden, später heizt die Strahlung des jungen Sterns das Gas der Scheibe zu sehr auf für eine Gaskugelbildung.

Was ich Ihnen jetzt sage, ist so unglaublich, dass Sie es mir wahrscheinlich nicht abnehmen werden, doch es gab damals tatsächlich »Augenzeugen«, die uns verraten, was nach der Bildung der Gasriesen passiert sein muss. Hier also eine kurze Rekonstruktion der frühen Geschichte unseres Sonnensystems: Jupiter bildete sich im Lauf von rund einer Million Jahren heraus. Er blieb allerdings nicht auf seiner Umlaufbahn um die Sonne, sondern begann, sich allmählich in Richtung Sonne zu bewegen, weil er sich an dem verbliebenen Scheibenmaterial rieb. Gas und Staub strömten um den noch jungen Planeten, während er sich um die Sonne bewegte. Durch die Reibung an dieser Umströmung verlor er Geschwindigkeit, sein Bahndrehimpuls verringerte sich, und seine Umlaufbahn näherte sich immer mehr der Sonne. Zugleich entstand weiter draußen in der Gasscheibe der Saturn, der »Herr der Ringe«, mit knapp einem Drittel der Jupitermasse. Und auch er begann aufgrund des gleichen Effektes während der Lückenbildung Richtung Sonne zu wandern. Beide Planeten bewegten sich mit ihren immer breiter werdenden Lücken Richtung Sonne.

Die beiden Planeten wanderten also nach innen und kamen in ihren Bahnbewegungen um die Sonne in eine sehr spezielle Situation. In der Zeit, in der sich Jupiter dreimal um die Sonne drehte, schaffte Saturn dies nur exakt zweimal. In dieser Konstellation kam es zu einer sehr außergewöhnlichen Verbindung der beiden Planeten, zu einer 3:2-Resonanz. Solche Resonanzen mit ganzen Zahlen für das Verhältnis der Umkreisungsperioden sind äußerst stabil. Die Dynamik der gegenseitigen Schwerkraftanziehung im Gravitationsfeld der Sonne wirkte von nun an so, als ob die beiden Gasriesen mit einer starren Stange miteinander verbunden wären. In ihren ganz frühen Zeiten sind die beiden für mehrere Millionen Jahre in dieser 3:2-Resonanz verblieben. Später wurden sie durch die Bildung der beiden äußeren Eisriesen Uranus und Neptun ein wenig aus dieser Resonanz herausgezogen.

Durch diese enge Koppelung ergab sich ein weiterer Effekt: Die Lücken von Saturn und Jupiter überlappten sich und erzeugten auf diese Weise einen sehr breiten gemeinsamen Leerraum in der Scheibe. In diesen Leerraum strömte von außen Gas. Weil dieses Gas aus größerer Entfernung stammte, hatte es großen Drehimpuls, fiel nun jedoch durch die gemeinsame Lücke von Jupiter und Saturn in Richtung Sonne und traf mit großer Rotationsenergie auf die innere Kante der Lücke. Der Drehimpuls, der an diesem Scheibenrand gelandet ist, übertrug sich auf Jupiter. Und dann machte es »Tack!«, und die beiden Riesenplaneten wanderten, weil sie quasi starr miteinander verbunden waren, wieder nach außen. Aus der gemeinsamen Wanderung nach innen wurde eine gemeinsame Wanderung nach außen. In der Astronomie wird dies das »Grand-Tack-Szenario« genannt. Die beiden Planeten sind ins Innere des Sonnensystems bis auf etwa das 1,5-Fache des Abstands zwischen Sonne und Erde hineingewandert und dann auf ihre heutigen Positionen gewandert, Jupiter bei fünfmal und Saturn bei knapp zehnmal dem Abstand Erde–Sonne.

Warum ist das für uns auf der Erde so wichtig? Nun, die Wanderung der beiden Riesenplaneten ist der Grund, weshalb unsere Erde kein so schwerer Felsenplanet geworden ist, wie wir sie um andere Sterne herum beobachten. Die Wanderung von Jupiter und Saturn erklärt auch, weshalb die Felsenplaneten in unserem Sonnensystem so klein geblieben sind. Denn die Bewegung des gewaltigen Jupiters ins Innere des Sonnensystems hat dazu geführt, dass die innere Gas-Staub-Scheibe praktisch freigeräumt wurde, die Anwesenheit der großen Jupitermasse hat Staub und Gas aus der inneren Scheibe herausbefördert. Die Planeten Merkur, Venus, Erde und Mars, die erst viele Millionen Jahre später entstanden, sind der Überrest, sozusagen Abfallprodukte dieses dynamischen Schauspiels. Ohne die Wanderung der großen Planeten gäbe es im Inneren unseres Sonnensystems höchstwahrscheinlich einen großen, dicken Felsenplaneten, der aufgrund seiner Gravitation eine gewaltige Atmosphäre an sich gezogen hätte. Dass es darauf zur Entwicklung von Leben gekommen wäre, ist höchst unwahrscheinlich.

Ganz sicher gäbe es unseren Planeten mit all seinen wundervollen Eigenschaften nicht, wenn die beiden Gasriesen nicht gewandert wären, und zwar zunächst in Richtung der Sonne und dann wieder von ihr weg. Die Idee, dass das so passiert sein könnte, war zunächst eher eine Wunschvorstellung. Man stellte sich folgende grundsätzliche Frage: Wie müsste ein Staubring in der unmittelbaren Umgebung eines jungen Sternes beschaffen sein, um die Entstehung so kleiner Felsenplaneten wie der vier in unserem Sonnensystem möglich zu machen? Andersherum gefragt: Wie lässt sich die Bildung von sehr großen Felsenplaneten vermeiden?

Da die Staubdichte in der Nähe des Sterns am höchsten ist, kann ein massearmer Staubring nur dann entstehen, wenn die Scheibe gestört wird, so der Ausgangsgedanke. Am wirkungsvollsten für unser Sonnensystem wäre eine Situation, in der sich ein möglichst großer Planet der Sonne bis auf 1,5 AU (*Astronomical Units*, Astronomische Einheiten), also auf den 1,5-fachen Abstand der Erde von der Sonne, näherte. Die Bewegung des Gasriesen würde die Scheibe weitgehend vom Staub befreien. Bekanntlich befindet sich der Jupiter jedoch nicht bei 1,5 AU, sondern bei 5 AU Abstand von der Sonne. In der Astronomie kannte man aus extrasolaren Planeten schon länger einwärts wandernde Planeten, also Gasriesen, die relativ nahe an ihren Stern herangerückt waren. Jetzt stand man vor dem Problem: Wie lässt sich die Bewegungsrichtung von Planeten bei radialen Bewegungen umkehren? Eine Möglichkeit gab es zumindest theoretisch: Wenn zwei wandernde Planeten in Resonanz geraten und ihr Masseverhältnis so ist, dass sich durch die gemeinsame Wanderung ein Leerraum zwischen ihnen entwickelt, könnte es zur Wanderung nach außen kommen, vorausgesetzt, Gas mit hohem Drehimpuls fällt frei in Richtung Stern.

Für unser Sonnensystem gilt der besondere Fall, dass der Saturn gerade im richtigen Massenbereich liegt, also nicht zu schwer und nicht zu leicht ist. Wäre er ein bisschen leichter oder wäre er ein wenig weiter draußen in der Scheibe entstanden, hätte es keine gemeinsame Lücke gegeben, sodass das Material aus der äußeren sich bildenden Scheibe um die Sonne eben nicht hätte frei strömen können. Dann wäre es nie zum Grand Tack gekommen, durch den die Planeten wieder nach außen wandern konnten. In der Kombination von einer Jupitermasse mit einem Drittel Jupitermasse liegt das Gespann Jupiter und Saturn genau im richtigen Korridor. Und nur dieser Korridor erlaubt es, dass Jupiter und Saturn zunächst nach innen und dann wieder nach außen gewandert sind.

Und von wem oder was wissen wir das alles nun, wer oder was war bei der Wanderung dabei? Der »Augenzeuge« von damals ist der viel zu selten besprochene Asteroidengürtel, der sich heute zwischen Mars und Jupiter befindet. Die Zusammensetzung und Verteilung der verschiedenen Asteroidenarten (Kohlenstoffasteroiden und reine Gesteinsasteroiden) im Asteroidengürtel lässt sich nur mittels Durchmischung erklären. Die heutige Zusammensetzung und Verteilung der Asteroiden ergibt sich quasi ganz natürlich, wie numerische Simulationen zeigen, wenn große Planeten durch den Gürtel wandern und zwar einmal in Richtung der Sonne und dann wieder von ihr weg.

Und jetzt bitte nicht vergessen: Diese ganzen Ereignisse sind mit die Ursache dafür, dass unsere Erde ein bewohnbarer Planet geworden ist. Die Anfangsgeschichte unseres Sonnensystems liest sich wie folgt: In den ersten fünf Millionen Jahren entstanden die großen Gasplaneten. Sie räumten den inneren Teil der Gas-Staub-Scheibe um die junge Sonne fast leer, und erst viele, viele Millionen Jahre danach bildeten sich die erdähnlichen Planeten.

Die besondere Bedeutung der Gasriesen hat sich in den letzten Jahren bei Untersuchungen gezeigt, bei denen das Eindringen von Asteroiden und Kometen ins Innere des Sonnensystems erforscht wurde. Demzufolge sorgen die großen Gasplaneten dafür, dass nicht zu viele solcher möglicherweise für das Leben zerstörerischen Eindringlinge auf der Erde landen. Im Klartext: Ohne Saturn und vor allem ohne Jupiter würde die Erde statistisch alle paar Hunderttausend Jahre von einem kilometergroßen Brocken getroffen werden, mit ihnen aber nur etwa alle 100 Millionen Jahre. Die kollektive Schwerkraft der Gasriesen, die im fünffachen (Jupiter) beziehungsweise im knapp zehnfachen (Saturn) Erde-Sonne-Abstand die Sonne umkreisen, und zwar in einer ziemlich stabilen 3 : 2-Resonanz, bewirkt, dass deutlich weniger Gesteinsbrocken in die Region der erdähnlichen Planeten gelangen. Jupiter und Saturn haben nicht nur dazu beigetragen, die passenden Geburtsbedingungen unseres Planeten zu erzeugen, sie beschützen die Erde auch noch durch ihre Anwesenheit und Masse. In anderen Zeiten sprach man da vom »Schutz der Götter«, aber damals wusste man einfach noch wenig oder nichts über die tatsächlichen Wirkungen der Planeten und ihre Konstellationen.

7

STAUB WIRD ZU FELS

Die Entstehung der Gasplaneten ging in kosmischen Maßstäben relativ schnell vor sich. Inklusive ihrer frühen Wanderjahre durchs Sonnensystem vergingen nur wenige Millionen Jahre, bis sich ihre jetzige Form und Position herausgebildet hatten. Währenddessen schien die Sonne schon, sie strahlte, sie war jung und wild, wenn man das so sagen will. Junge Sterne sind junge Kernreaktoren mit starken Ausbrüchen, die sich allmählich zu einem richtigen Sturm entwickeln. Und mit diesen Energieformen muss die Scheibe um die Sonne zurechtkommen. Das Gas verschwindet schnell, das hatten die Beobachtungen ja bereits gezeigt. Doch der Staub bleibt, wenn die Partikel groß genug sind. Zu kleine Staubteilchen werden von schnellen Sternwinden davongetragen, oder die Strahlung des jungen Sterns treibt sie davon. In der unmittelbaren Umgebung eines jungen Sterns ist dann nach kurzer Zeit die Scheibe komplett verschwunden, etwas weiter draußen kommt es auf die jeweiligen Umstände an. Gesteinsplaneten wie unsere Erde entstehen aus diesem Staub, so die Vorstellung. Die Frage ist nur: wie?

Nachdem sich also die großen Gasplaneten gebildet hatten, formten sich allmählich immer mehr größere Staubbrocken, die ihrerseits immer mehr Staub aufsammelten. Die Entstehung von Gesteinsplaneten beginnt in ganz kleinem Maßstab. Es geht los mit kleinen Staubfusselchen, die aneinander haften bleiben. Es ist ein wenig wie in unseren Wohnungen: Kaum hat man mal ein paar Tage nicht gestaubsaugt, bilden sich immer größere Staubflusen, die immer weiter wachsen. Daran erkennt man übrigens, dass diese Agglomerate – wie die Fusseln – keine homogenen Kugeln sind, sondern miteinander zusammenhängende Fasern, die auf ganz merkwürdige Weise keine festen Oberflächen bilden. Da gibt es Leerräume, um die herum sich die Fäden verknoten und vernetzen – oft spricht man hier von »fraktalen Strukturen«, die keine eindeutige klare dreidimensionale Form und keine zweidimensionale Oberfläche besitzen.

Nehmen wir an, wir hätten ein paar Hunderttausend Jahre Zeit und könnten dabei beobachten, wie solche Staubagglomerate sich ineinander verhaken und immer mal wieder mit anderen zusammenstoßen. Dann würde man schon ahnen, wie die Entwicklung weitergehen wird. Diese merkwürdigen Vernetzungen von Staub stoßen zusammen, und dabei wird Bewegungsenergie frei, es entsteht Wärme. Sie kann den Staub erhitzen, er wird wärmer und dabei flexibler, er wird quasi zur Staubknetmasse. Die Stöße machen aus den trockenen Staubfetzen ein formbares Material, das sich in immer homogenere Brocken verwandelt. Diese enthalten immer noch große Leerräume, sie sind aber schon eher Festkörper, auf denen man stehen könnte. Es bilden sich immer mehr Brocken, die zusammenstoßen, sich aneinander reiben, zerreiben usw. Es entsteht eine merkwürdige Materieform. Der Begriff »Form« ist hierbei sehr wichtig. Und jedes Mal bleiben wieder Brocken aneinander haften, werden größer und schwerer, andere dagegen durch heftige Stöße zerstört.

In diesem Bild dauert es Millionen Jahre, bis Brocken so groß und schwer sind, dass sie immer mehr Material zu sich heranziehen und in ihrer Masse immer weiter wachsen. Langsam bilden sich richtig große Gesteinsbrocken heraus. Dabei stand die astrophysikalische Forschung jedoch lange Zeit vor einem Problem: Wenn Gesteinsbrocken die Größe eines Einfamilienhauses erreicht haben und mit hoher Geschwindigkeit aufeinanderprallen, werden sie zerstört, sie zerplatzen förmlich. Die Frage war also: Wie können manche Brocken es überstehen, wenn sie mit hohen Impulsen zusammenstoßen? In numerischen Simulationen zur Bildung von Gesteinsplaneten musste man immer künstlich eine Art Klebefaktor einbauen, ansonsten kam es nie zur Bildung von kilometergroßen Protoplaneten. Erst ab einer bestimmten Größe sammeln solche Brocken so viel Material, dass sie weiterwachsen können. Solche Sammelprozesse laufen viel langsamer ab als das Einströmen von Gas auf die Gasplaneten. Da spielten sich die ersten Gasverdichtungen in nur wenigen Hunderttausend Jahren ab, da war die Sache gelaufen. Die Gesteinsplaneten brauchten hingegen womöglich 100 Millionen Jahre, bis sich endlich richtig große Gesteinskugeln gebildet hatten. Das waren allerdings viel mehr, als wir heute als Planeten kennen.

Viele dieser Protoplaneten zogen auf eher elliptischen Bahnen durchs junge Sonnensystem. Manche sind in die Sonne gestürzt, andere aus dem Sonnensystem hinausgeflogen. Nach einiger Zeit verblieben nur die Brocken mit fast kreisförmigen Bahnen. Die vagabundierenden Exoten auf ihren elliptischen Bahnen hingegen stießen ständig mit anderen zusammen und verschwanden. Nur einige wenige blieben auf der Erfolgsspur. Aufgrund der ständigen Zusammenstöße und der dabei kontinuierlich in Wärme verwandelten Bewegungsenergie waren diese ersten Gesteinskugeln flüssig. Deren Oberfläche kühlte sich durch Strahlung ins kalte Universum ab. Erste feste Krusten bildeten sich, die aber immer wieder aufgerissen und durchschlagen wurden. Sie erstarrten erneut, brachen wieder auf, und das glutflüssige Material drängte nach oben.

Aus einer großen Zahl solcher Protoplaneten wuchsen auf diese Art und Weise Gesteinsplaneten heran, und auch der größte unter den erdähnlichen Planeten, unsere Erde, ist so entstanden. Ganz viele Einschläge haben die junge Erde flüssig gehalten, die Elemente in den Planeten haben sich gemäß ihrem spezifischen Gewicht getrennt. Die schweren Elemente – Eisen, Nickel und Blei – sind allmählich ins Zentrum gerutscht und bildeten einen zunächst noch flüssigen Kern, der sich unter dem enormen Druck der sie umgebenden Materie schrittweise verfestigt hat. Diese Kondensation setzte nun wieder Energie frei, die den Planeten bis heute erwärmt und das Erdinnere in weiten Teilen flüssig und in Bewegung hält. Unserer Erde stand aber noch eine große Herausforderung bevor, ehe sie sich richtig weiterentwickeln konnte.

Während sich also unsere junge Sonne allmählich zu dem Stern entwickelte, den wir heute kennen, die anderen Gesteinsbrocken ebenfalls zu Planeten wurden, die Gasplaneten um die Sonne kreisten, die sich inzwischen gebildeten Eisbrocken Uranus und Neptun ganz weit draußen in der Scheibe umeinander tanzten und die Asteroiden im Gürtel herumschwirrten, blieben noch ein paar gefährliche Einzelgänger übrig, die auf exzentrischen Bahnen das Sonnensystem durchkreuzten und sich auch der noch jungen Erde näherten.

Vor 4,6 Milliarden Jahren kam ein solcher Vagabund auf die Erde zu. Er war groß, eigentlich ein ausgewachsener Planet mit eigenem Eisenkern und einige Mal schwerer als der Mars. Und er traf auf die noch glutflüssige Erde. Er tat das aber nicht frontal – das hätte sicher zur totalen Zerstörung unseres Heimatplaneten geführt. Nein, er zog streifend an der Erde entlang und hat sich so praktisch zerrieben. Sein innerster Eisen-Nickel-Kern, der sich schon gebildet hatte, sank allmählich ins Innere der noch glutflüssigen Erde und wurde dort mit dem sich bildenden Erdkern zum Kondensationskeim für die innere Dynamik unseres Planeten. Seine Oberfläche vermischte sich mit der Oberfläche unseres Planeten. Neueste Simulationen haben ergeben, dass die Erde noch komplett flüssig gewesen sein muss, deshalb konnte sich das Material des Einschlägers mit der Erde vollständig durchmischen. Dennoch wurde durch den Aufprall des Protoplaneten eben auch flüssiges Gestein aus dem Erdkörper herausgeschlagen, und zwar so weit weg vom Planeten, dass es nicht wieder auf ihn herunterfiel, sondern sich jenseits der sogenannten Roche-Grenze in einem Ring ansammelte.

Der entsprechende Roche-Radius von einem Planeten ergibt sich in diesem Fall aus der Bedingung, dass sich ein entstehender Begleiter stabilisiert und nicht von der Gravitationskraft des Planeten wieder zerrissen wird. Formt sich der Mond – so hieß der Einschläger – außerhalb dieser Grenze, dominieren die stabilisierenden inneren Gravitationskräfte die Gezeitenkräfte zwischen den beiden Körpern. Für das System Erde und herausgeschlagenes Material ergibt sich eine entsprechende Grenze von etwa 20 000 Kilometern Entfernung. Damit Material so weit weggeschleudert werden konnte, musste der Einschläger eine hinreichende Bewegungsenergie mitbringen, das heißt, seine Masse musste groß sein, mindestens doppelt so schwer wie die des Mars.

Aus einem solchen Zusammenstoß entstand also unser Mond. Das wissen wir aus der Spurensuche in den Steinen, die die amerikanischen Apollo-Astronauten vom Mond mitgebracht haben. Am 20. Juli 1969 packten zum ersten Mal zwei amerikanische Apollo-Astronauten Mondgestein in Plastiktüten ein und brachten es mit zur Erde, wo es viele Jahre auf das Genaueste analysiert wurde. Ergebnis: Das Mondgestein ist praktisch fast exakt wie der Erdmantel zusammengesetzt – mit einer wichtigen Ausnahme: Es enthält keine flüchtigen, das heißt leichten Elemente. Es liegt auf der Hand, dass diese beim Zusammenstoß entwichen sind.

Man geht heute davon aus, dass sich der Mond ca. 40 000 Kilometer über der Oberfläche der glutflüssigen Erde gebildet hat. Die entsprechenden Computersimulationen zeigen, dass die Entstehung nur wenige Jahre gedauert hat. Das muss damals, vor knapp 4,6 Milliarden Jahren, von der Erde aus ein unglaublicher Anblick gewesen sein. Die Erde wurde von einem glutflüssigen riesigen Brocken mit gut 3400 Kilometern Durchmesser umrundet. Aufgrund der starken Gezeitenkräfte zwischen den beiden glutflüssigen Himmelskörpern Erde und Mond wurde der viel leichtere Mond (er hat ein achtzigstel Erdmasse) in seiner Eigendrehung sofort synchronisiert. Seitdem dreht er sich einmal um die eigene Achse, wenn er einmal um die Erde kreist. Der Erde zeigt er dabei immer die gleiche Seite. Diese Seite stand für ein paar Jahrtausende unter dem Einfluss der sich abkühlenden Erde, die immer noch mindestens 4000 °C heiß war. Die der Erde zugewandte Seite des Mondes wurde dadurch immer weiter aufgeheizt und in flüssigem Zustand erhalten, während sich seine Rückseite allmählich abkühlte und verfestigte. Einer Theorie zufolge soll der Mond »Erdbrand« gehabt haben. Durch die Hitze der Erde wurde das noch immer flüssige Mondmaterial der Vorderseite teilweise nach hinten gedrückt. Durch dieses zusätzliche Gestein ist die Mondkruste auf der erdabgewandten Seite höher als auf der Vorderseite. Auf der Rückseite befinden sich die größten Erhebungen des Mondes, die mit bis zu 8400 Metern Höhe fast an diejenige des Mount Everest auf der Erde heranreichen. Wie sich bei den Mondumrundungen der sowjetischen und amerikanischen Mondmissionen herausstellte, ist die Rückseite des Mondes übersät mit kleinen Kratern, hingegen fehlen die großen Ausflussbecken, die Meere, dort ganz. Die dickere Kruste auf der Rückseite des Mondes ist hierfür die plausibelste Erklärung – und die entstand eben, weil die flüssige Vorderseite durch den Strahlungsdruck der Erde nach hinten geschoben wurde.

Unser Mond ist eigentlich ein Unding, weil er im Vergleich zur Erdmasse riesengroß ist. So einen großen und schweren Trabanten haben sonst nur Riesenplaneten wie Jupiter und Saturn. Und für seine Entstehung brauchte es wirklich besondere Umstände, nämlich einen sehr schweren Einschläger, der aber eben trotzdem die Erde nicht zerstörte. Einige Szenarien gehen inzwischen sogar davon aus, dass der Einschläger möglicherweise drei- bis viermal so schwer war wie der Mars. Ein zentraler Zusammenstoß hätte wie gesagt sicherlich zur Zerstörung der Erde geführt. Es muss also eine streifende Zerschlagung durch den Einschläger gegeben haben, der sich daraufhin schnell durchmischt hat. Praktisch gleichzeitig bildete sich zunächst ein Ring aus durchmischtem Material, in dem sich dann der Mond formte.

Wie wichtig der Mond für uns Lebewesen ist, beweisen moderne wissenschaftliche Untersuchungen: Ohne unseren schweren Trabanten würde die Achse, um die die Erde sich dreht, viel stärker schwanken. Was das für das Klima auf der Erde bedeuten würde, mag man sich lieber nicht vorstellen: eisige Vergletscherung oder aber totale planetare Verwüstung. Auf jeden Fall ergäben sich viel schlechtere Bedingungen für die biologische Evolution. Lebewesen wären auf einem solchen Planeten kaum über das Einzellerstadium hinausgekommen. Ohne diesen Trabanten hätten wir keine Gezeiten, keine Ebbe und keine Flut. Die Erde würde sich ohne die fehlenden Gezeitenkräfte viel schneller drehen, und mit einer daraus resultierenden Tageslänge von zehn bis elf Stunden hätte unsere Atmosphäre eine recht drastische Dynamik. Die Folge wären sehr starke Winde, die die Unterschiede zwischen Tag und Nacht auszugleichen versuchten. Auf der Erde würde ein Dauersturm herrschen, und wenn es überhaupt Lebewesen gäbe, dann wären die in jeder Hinsicht sehr flach. Die Erde wurde vom Mond abgebremst, und das passiert noch heute. Da der Mond in seiner Eigendrehung praktisch eingefroren ist, nahm er die abgegebene Drehenergie der Erde in seine Energie der Umkreisung um die Erde auf – man nennt das Bahnenergie – und entfernte sich deshalb von Anfang an von der Erde. Früher war dieser Energieübertrag sehr hoch. So kam der Mond auf die heutige mittlere Entfernung von der Erde von gut 380 000 Kilometern. Und er entfernt sich um 4 Zentimeter pro Jahr weiter von der Erde. Noch gibt es gelegentlich eine totale Sonnenfinsternis, in der ferneren Zukunft wird es nur noch zu Ringfinsternissen kommen, denn der Mond wird dann so weit von der Erde entfernt sein, dass er die Sonne nicht mehr komplett verdunkelt.

Die Entstehung des Mondes war also eines der ganz wichtigen Ereignisse in der frühen Phase der Erde. Die gleichzeitige Existenz und das Zusammenspiel von Erde und Mond gehören zu den grundlegenden Voraussetzungen für unsere Existenz auf der Erde. Eine der entscheidenden Zutaten dabei ist Wasser. Auf einem Planeten, der so heiß war wie die Erde, kann es kein Wasser gegeben haben, es muss also von außen »geliefert« worden sein. Doch diese Lieferung, durch Asteroiden zum Beispiel, muss auch termingerecht erfolgt sein, nicht zu früh und nicht zu spät. Wieder muss alles gestimmt haben, wie bei einem Symphonieorchester, in dem alle Instrumente im richtigen Moment einsetzen, doch in unserem Fall ohne Dirigent. Denn um die Voraussetzungen dafür zu schaffen, dass sich auf unserem Planeten Leben entwickeln konnte, musste einerseits vieles gleichzeitig passieren, aber eben auch so, dass die Entstehung von Lebewesen überhaupt möglich war. Wie gesagt: Ein Planet, der auf seiner Oberfläche noch 4000 Kelvin heiß ist, kann kein Wasser halten. Doch irgendwann muss das Wasser ja hergekommen sein, und zwar schnell.

Aber gehen wir noch einen winzigen Moment zurück: In was für einem Szenario befinden wir uns jetzt eigentlich? Nachdem also in den ersten fünf Millionen Jahren die Gasplaneten im Sonnensystem rein- und wieder rausgewandert sind, haben sich in den nächsten 100 Millionen Jahren die Gesteinsplaneten gebildet, die durch den Zusammenstoß von immer größer und größer werdenden Gesteinsbrocken allmählich auf ihre heutige Größe anwuchsen. Die vier inneren Planeten sind eher klein, denn Jupiter und Saturn haben das Innere der Gas-Staub-Scheibe fast komplett geräumt. Wahrscheinlich gab es deshalb viele dem Mars auch in seiner Größe ähnliche Brocken, sonst wäre die Wahrscheinlichkeit, dass ausgerechnet die Erde mit einem solchen Protoplaneten zusammenstößt, fast null. Wir können davon ausgehen, dass die Menge der Gesteinsplaneten in unserem Sonnensystem früher viel größer war. Was wir heute als Planeten im Sonnensystem sehen, sind nur noch die Gewinner dieser »Planetenschlacht«, und einer davon – nämlich die Erde – war wohl der Hauptgewinner. Die Erde hatte sozusagen einen Sechser im Kollisionslotto und gewann den Mond.

Die Oberfläche des Mondes bzw. die genauen Analysen seines Gesteins erklären auch, wie das Wasser wahrscheinlich auf die Erde kam. Einige Hundert Millionen Jahre nach seiner Entstehung ist der Mond, der bereits eine feste, abgekühlte Kruste hatte, von vielen Einschlägen schwer bombardiert worden – das zeigen seine Meere und Krater auf der Vorderseite, aber auch die unzähligen Krater auf der Rückseite. Man spricht hier vom *Late Heavy Bombardment* oder dem »Großen Bombardement«.

In dieser Phase, ca. 300 bis 500 Millionen Jahre nach der Entstehung des Sonnensystems vor 4,567 Milliarden Jahren, gelangten Felsbrocken, also Asteroiden, von außen ins Innere des Sonnensystems und schlugen noch einmal heftig ein. Das kann man heute auf der Mondoberfläche noch sehr genau sehen. Unser Planet hingegen mit seinem Trabanten entwickelte sich von da an zu einem »lebensfähigen« Planeten, auf dem sich Leben entwickeln konnte. Unbedingt nötig war jedoch dafür unter anderem – wie ich das schon eben andeutete – eine Belieferung mit Wasser.

Es gibt da ein grundsätzliches Problem: Wo befindet sich die bewohnbare Zone rund um einen Stern? Wo wäre, wenn Wasser auf einem Planeten existierte, das Wasser flüssig? Wo wäre es nicht zu heiß und nicht zu kalt, um Leben zu ermöglichen? Für einen

Stern wie die Sonne, einen sogenannten G-Stern, mit 5800 Kelvin Oberflächentemperatur liegt die bewohnbare Zone außerhalb einer Distanz, innerhalb derer ein sich bildender Planet überhaupt kein Wasser haben kann, weil es dort schlicht zu heiß ist. Die sogenannte Snow-Line (Frost-Linie), das heißt die Grenze, jenseits derer Wasser überdauern kann, also gefroren ist, liegt zwischen Mars und Jupiter, also in etwas mehr als der doppelten Erdentfernung zu Sonne. Erst ab diesem Abstand von der Sonne kann Wasser auf planetaren Körpern bestehen, das heißt, von dort müssen die Brocken gekommen sein, die Wasser auf die Erde geliefert haben.

Heute weiß man aus der Zusammensetzung der Wasserstoffisotope, woher unser Wasser stammt. Das ist das Faszinierende an der modernen Physik: Aus der genauen Kenntnis des Aufbaus der Materie ergibt sich deren Ursprung. Die Herkunft des irdischen Wassers konnte durch den Vergleich von Isotopen geklärt werden. Isotope sind verschiedene Versionen ein und desselben chemischen Elements, die sich nur durch die Anzahl der elektrisch neutralen Teilchen, der Neutronen, im Atomkern unterscheiden. Deuterium ist der schwere Wasserstoff, er enthält nicht nur ein Proton im Kern wie der normale Wasserstoff, sondern ein Neutron zusätzlich. Aus dem Verhältnis von Deuterium zu Wasserstoff und anhand des Vergleichs von Wasser in Meteoriten, Asteroiden und Kometen ergab sich dann, dass unser irdisches Wasser hauptsächlich von Asteroiden stammen muss. Nur etwa 15 Prozent des Wassers haben Kometen zu uns gebracht.

Unser Planet ist also mit Wasser beliefert worden, wahrscheinlich wie alle anderen erdähnlichen Planeten auch. Doch offensichtlich gibt es Ursachen dafür, dass Wasser offenbar nur auf unserem Planeten in flüssiger Form gebunden werden konnte. Übrigens: Erinnern Sie sich noch an das Problem für die Entstehung von Felsenplaneten? Es ging um das Rätsel, dass Felsbrocken ab einer bestimmten Größe bei Zusammenstößen wieder zerstört werden. Diese kritische Größe entspricht ungefähr derjenigen eines Einfamilienhauses. Bei der Suche nach möglichen übrig gebliebenen Kandidaten, die als »Wasserlieferanten« für die entstehenden Gesteinsplaneten infrage kamen, konnte man jüngst bestätigen, dass solche Brocken, die noch immer da draußen im Weltall herumfliegen, offenbar tatsächlich nicht homogen sind, also keine festen, undurchdringlichen Felsen sind, sondern eher zusammengebackenem, trockenem Biskuitteig ähneln. Zu diesem Ergebnis gelangte die Mission Rosetta, die Sonde, die zum Kometen Tschurjumow-Gerassimenko geflogen ist. Die Analysen ergaben, dass der Komet praktisch leer ist. Er ist ein fraktales Gebilde mit einer Netzstruktur von Leerräumen, um die herum sich Felsen zusammengefunden haben. Wenn solche Brocken zusammenstoßen, bleiben sie aneinander haften, und der größte Teil der Bewegungsenergie des Einschlägers fließt in die »Stoßdämpfung«.

Ein anderes Objekt, »Ultima Thule«, zeigt, wie solche merkwürdigen Felsenstrukturen im Weltall entstehen können: Dieses Objekt besteht aus zwei große Platten, die aneinanderhängen. Offenbar sind der Formenvielfalt bei interplanetaren Zusammenstößen keine Grenzen gesetzt. Umso erstaunlicher ist es, dass es in der frühen Phase des Sonnensystems zur Entstehung eines Planeten gekommen ist, der offenbar ganz wundervolle Eigenschaften besitzt, um Leben zu ermöglichen: unser Blauer Planet.

8

DER SCHÖNSTE PLANET
DER MILCHSTRASSE

Versetzen wir uns in die Zeit vor unserer Zeit, die wir ja in Stunden, Tagen und Jahren messen. Damals, als die Gasplaneten nach innen und dann wieder auf ihre heutigen Positionen nach außen gewandert waren. Als sich die Gesteinsplaneten bildeten, die schon den einen oder anderen Trabanten hatten. Wir gehen also zurück in die ersten Millionen Jahre des Sonnensystems. Ein ganz wichtiges und oft bestätigtes Ergebnis detaillierter astronomischer Beobachtungen ist es, dass die Sonne in ihren frühen Jahren nicht so leuchtkräftig war wie heute. Allen Sternen geht es so, denn sie sind Kernfusionsreaktoren, deren Energieabgabe und damit Leuchtkraft mit der Zeit stetig zunimmt.

Dass unsere Sonne in ihrer frühen Phase nicht so leuchtkräftig war wie heute, hatte natürlich Konsequenzen. Bei niedriger Leuchtkraft befindet sich die bewohnbare Zone eines Planeten selbstverständlich in geringerer Entfernung zum Stern. Die Bewohnbarkeit eines Planeten hängt deshalb auch von der Entwicklungsphase des Sterns ab, um den herum er sich bewegt. Und da stellt sich tatsächlich eine interessante Frage: Ende der 1970er-Jahre zeigten die ersten Klimarechnungen für die Erde um die junge Sonne, dass diese »Urerde« völlig vergletschert gewesen sein müsste. Wäre es aber tatsächlich so gewesen, die Erde also wegen der geringeren Leuchtkraft der Sonne zu einer vergletscherten Kugel geworden, dann wäre sie bis heute nicht mehr aufgetaut. Denn ihre weiße Oberfläche hätte die Sonnenstrahlung sehr effizient reflektiert.

Wie konnte die Erde bei einer leuchtschwachen Sonne eine Vergletscherung verhindern? Welche Prozesse haben die dafür notwendige Erderwärmung ausgelöst? Wie waren die Bedingungen auf der frühen Erde überhaupt, insbesondere in ihrer Atmosphäre? Eine neue Entdeckung lässt die Frage nach der ganz frühen Geschichte der Erde in einem völlig neuen Licht erscheinen. Bis vor wenigen Jahren nahm man an, dass die Erde im Laufe einiger Hundert Millionen Jahre durch die Asteroiden mit Wasser versorgt wurde. Zunächst wäre das Wasser auf der Erde aufgrund der hohen Temperaturen nur Wasserdampf in der Atmosphäre. Dieser Wasserdampf kann nicht entweichen, weil die Masse der Erde so groß ist, dass der Wasserdampf durch die Schwerkraft der Erde in der Atmosphäre verbleibt und nicht ins Weltall entweicht. Zudem hatte die Erde eine wichtige Wärmequelle im Innern, unter anderem auch wegen des Einschlags des Protoplaneten, der zur Bildung des Mondes führte. Die Dynamik des jungen Erdkörpers war so stark, dass sich flüssige Gesteinsmassen vom Kern aufwärts bis in den oberen Erdmantel in Bewegung setzten und sich ein starkes planetares Magnetfeld bilden konnte. Die Verwandlung der Bewegungsenergie des flüssigen Gesteins in elektromagnetische Energie nennt man Dynamo. Der Erddynamo lässt ein Magnetfeld entstehen, das sich weit in den Weltraum hinaus ausbreitet. Damit war unser Planet bereits sehr früh gegen den starken Wind der Sonne geschützt. Hätte der Sonnenwind die Atmosphäre direkt getroffen, wäre der Wasserdampf dort bereits von den schnellen Teilchen der Sonne zerlegt worden, und zwar in leichten Wasserstoff, der die Erde sofort verlassen hätte, und in Sauerstoff, der zur Oxidation sofort überall gebunden worden wäre. Das Wasser wäre auf jeden Fall verschwunden.

Angesichts dieser Modellvorstellungen waren die Entdeckungen der letzten 15 Jahre revolutionär. In den Jack Hills im Nordwesten Australiens fand man kleine Kristalle, Zirkonkristalle. Man ist heute dank weit entwickelter Analysetechnologien in der Lage, auch bei allerkleinsten Kristallen sehr genau die Verhältnisse von verschiedenen Isotopen zueinander festzustellen, anhand derer sich das Alter der Kristalle berechnen lässt. Es handelt sich dabei um radioaktive Zerfallsreihen mit eindeutig definierten Zerfallszeiten. Sie sind sozusagen die Uhren, mithilfe derer man bestimmen kann, wie lange das Gestein in der vorliegenden Struktur bereits existiert. Die wirklich große Überraschung dieser Analysen war, dass die Zirkonkristalle aus Westaustralien nur in flüssigem Wasser entstanden sein konnten und 4,4 Milliarden Jahre alt waren. Damit war klar, dass von ursprünglich angenommenen vielen Hundert Millionen Jahren Abstand zum Entstehungszeitpunkt der Erde nur rund 100 Millionen Jahre übrig bleiben. Es musste alles sehr schnell gegangen sein damals. Wasser muss auf dem Planeten Erde bereits nach 100 Millionen Jahren in flüssiger Form existiert haben. Es blieb nicht viel Zeit, damit die Atmosphäre sich abkühlen konnte, um die Existenz flüssigen Wassers zu ermöglichen. Wir haben also eindeutige Indizien dafür, dass sich auf der Erde bereits relativ kurz nach ihrer Entstehung flüssiges Wasser befunden hat.

Kurz zusammengefasst: Die Erde entstand vor 4,567 Milliarden Jahren, und bereits vor 4,4 Milliarden Jahren gab es flüssiges Wasser, mindestens in einer Pfütze, in der diese Zirkonkristalle entstanden sind. Es stellt sich natürlich die Frage, ob die Stelle, an der damals die Zirkonkristalle entstanden, repräsentativ für die gesamte Erdoberfläche vor 4,4 Milliarden Jahren war. Da man bisher noch an keinem anderen Ort fündig geworden ist, gehen wir von dem Prinzip des Durchschnitts aus. Mit anderen Worten: Wir nehmen an, dass der Fundort der Zirkone ein durchschnittlicher Ort auf der Urerde ist. Dann gab es flüssiges Wasser bereits vor 4,4 Milliarden Jahren überall auf der Erde. Es muss damals in einem unvorstellbaren Ausmaß geregnet haben. Denn Regen ist die einzige Möglichkeit, damit Wasserdampf in der Atmosphäre zu flüssigem Wasser auf der Erdoberfläche wird. Dann aber muss sich die Erde viel schneller abgekühlt haben. Zugleich jedoch war die Atmosphäre so zusammengesetzt, dass eine frühe Vergletscherung der Erde verhindert wurde. In der ersten Atmosphäre, die von der Erde festgehalten werden konnte, muss deshalb ein sehr starker Treibhauseffekt gewirkt haben. Sie muss im Wesentlichen aus Kohlendioxid, Wasserdampf und Methan bestanden haben. Mit solchen Bestandteilen kann der atmosphärische Druck der frühen Erde so hoch gewesen sein, dass sich die Bildung flüssigen Wassers auf ganz natürliche Weise ergab. Wir kennen das ja: Bei niedrigerem Luftdruck, zum Beispiel im Himalaja auf 6000 Metern Höhe, verdampft Wasser nicht erst bei 100 °C, sondern viel früher. Mit anderen Worten: Bei hohen Drücken wird Wasser bei höheren Temperaturen als 100 °C flüssig.

Die erste Erdatmosphäre hat bei hohem Druck und mit dem natürlichen Treibhauseffekt die Erde vor der Vergletscherung bewahrt und zugleich die Voraussetzungen für die Entstehung flüssigen Wassers geschaffen. Sie konnte das bewerkstelligen, weil sie keinen freien Sauerstoff besaß. Unter den damaligen Umständen konnte sich das starke Treibhausgas Methan sehr lange in der Atmosphäre halten und die Erde erwärmen. Einen schönen Gruß an die Klimaskeptiker! Sie konnten sich wie alle komplexeren Lebewesen nur entwickeln, weil bestimmte Moleküle in der Atmosphäre die Wärmestrahlung der Erde effizient absorbierten und teilweise wieder in Richtung Erdoberfläche zurückstrahlten. Man kann sich einmal die Frage stellen, welche Oberflächentemperatur unser Planet heute unter dem Einfluss der heutigen Sonnenleuchtkraft hätte, wenn er keine Atmosphäre besäße? Die Antwort: Ohne Atmosphäre und damit ohne Treibhauseffekt würde auf der Erde eine mittlere Temperatur von −18 °C herrschen. Geht man in diesem Gedankenexperiment in der Erdgeschichte weiter zurück, wird die Leuchtkraft der Sonne immer geringer, und die Oberflächentemperatur der Erde wäre ohne Atmosphäre natürlich noch niedriger, als sie es mit Atmosphäre gewesen ist. Am Anfang des Sonnensystems wären wir in diesem Gedankenspiel bei 75 Prozent der heutigen Sonnenleuchtkraft angekommen. Daraus ergibt sich eine Oberflächentemperatur von −33 °C. Es muss also Ungeheures in der Atmosphäre vorgegangen sein, damit dieser Treibhauseffekt es schaffte, die Art von Erwärmung zu erzeugen, die notwendig war, um wenigstens Teile der Erde vor der Vergletscherung zu schützen. Darüber haben wir keine gesicherten Informationen, wir können lediglich anhand des heutigen Zustandes darüber spekulieren, wie damals der Treibhauseffekt diese Art der Energiespeicherung in der Atmosphäre ermöglicht hat. Es sollte ja zu einer Erwärmung der Oberfläche kommen, das Wasser aber nicht gleich wieder verdampfen – zu heiß sollte es also nicht werden, aber es sollte eben auch nicht gefrieren und nicht vergletschern.

Die Entwicklung des Planeten Erde hin zu einem lebendigen Planeten ist demnach eine fein abgestimmte Balance zwischen der Katastrophe »zu heiß« und der Katastrophe »zu kalt«. Dass das System sich so einpegeln konnte, hat viel damit zu tun, dass damals eben ein sehr viel stärkerer Treibhauseffekt geherrscht hat, als ihn die heutige, sauerstoffhaltige Atmosphäre erzeugen kann. Doch die Erde hat sich trotzdem nicht überhitzt, sie ist nicht einem galoppierenden Treibhauseffekt zum Opfer gefallen, sondern sie hat sich im Laufe der Jahrmilliarden auf angenehme Temperaturen um zumeist 20 °C eingependelt – dank der Kombination von gerade passender Entfernung zur Sonne und genügend Planetenmasse.

Wahrscheinlich haben die stabilen Methanverbindungen in der sauerstofffreien Atmosphäre zusammen mit Kohlendioxid und Wasserdampf chemische Verbindungen geschaffen, die immer mehr Sonnenlicht in der Atmosphäre gespeichert haben. Dadurch wurde die Atmosphäre noch wärmer und die Verdunstungsrate von flüssigem Wasser von der Oberfläche in die Atmosphäre verstärkt. Bei hoher Luftfeuchtigkeit steigt aber auch die Verflüssigungsrate, es beginnt wieder stärker zu regnen. Und damit wird der Kohlenstoff aus der Atmosphäre herausgewaschen. Der Treibhauseffekt schwächt sich ab, es wird kühler, es regnet noch mehr, immer mehr Kohlenstoff wird im Gesteinskreislauf der Erde eingebaut und verschwindet im Untergrund. Denn wie bereits erwähnt hat unser Planet eine innere Energiequelle, die dazu führt, dass die flüssigen Gesteinsmassen des Erdmantels nach oben drängen, abkühlen und wieder absinken – vor allem dann, wenn das aufsteigende Material schwerer ist als die Gesteinsmassen an der Oberfläche. Hier beginnt der große Gesteinskreislauf unseres Planeten.

Über Kreisläufe habe ich nun schon einiges erzählt: den großen Materiekreislauf in unserer Milchstraße, die vernetzte Prozesskette, die für die Entstehung und Verteilung der Elemente im interstellaren Raum verantwortlich ist. Angefangen von den Gaswolken, die unter ihrer eigenen Schwerkraftwirkung zusammenstürzen, wobei sich Sterne bilden. Unter der direkten Schwerkraftwirkung der Sterne entstehen um sie herum Scheiben aus Gas und Staub, in denen die Planeten sich formen: zunächst, innerhalb von wenigen Millionen Jahren, die Gasplaneten und ca. 100 Millionen Jahre später die Gesteinsplaneten. Und in den Gesteinsplaneten gibt es nun also wieder Kreisläufe: den bereits angesprochenen Kreislauf der Gesteine, die durch die frei werdende Energie radioaktiver Elemente und durch die Hitze des Aufpralls und des Zusammenstoßens unzähliger Brocken verflüssigt an die Oberfläche drängen, dort abkühlen und sich wieder ins Planeteninnere wälzen. Bei diesen Konvektionsbewegungen wird einerseits durch die sich bewegenden freien elektrischen Ladungen im glutflüssigen Gestein ein Dynamoprozess aktiviert, der ein großräumiges Magnetfeld aufbaut. Andererseits werden leichte und deshalb flüchtige Gase in die Atmosphäre freigesetzt, aber auch wieder durch Regen in die Oberfläche eindringende Gase aufgenommen. Die Freisetzung und Aufnahme von Gasmolekülen in Gesteinen wirken regulierend auf die Zusammensetzung der Atmosphäre, auf diese Weise können gleichermaßen große Gasmengen für lange Zeit im Inneren des Planeten versenkt, doch durch vulkanische Tätigkeit auch schlagartig wieder in die Atmosphäre gebracht werden. Das gilt übrigens auch für Wasser: Wenn Wasser im Planeteninneren gespeichert war, dann drang es an die Oberfläche. Diese kurze Beschreibung müsste für alle Gesteinsplaneten gelten, denn zumindest anfangs waren sie alle glutflüssige Felsenkugeln mit sich abkühlender Kruste, durch die sich die innere Hitze durch Öffnungen ihren Weg gebahnt hat. Wie sehen die Oberflächen und Atmosphären der anderen Planeten aus?

Schauen wir uns die anderen erdähnlichen Planeten im Sonnensystem an. Die Venus gilt als Erdzwilling, denn ihre Masse beträgt etwa 81 Prozent der Erdmasse. Ihr Erscheinungsbild ist aber völlig anders als das der Erde. Ihre Atmosphäre ist undurchdringlich dicht, mit einem Druck, der 95-mal so hoch ist wie auf der Erde bei Meereshöhe, besteht fast nur aus Kohlendioxid mit ein paar Schwefelsäurewolken, und ihre Oberflächentemperatur beträgt 450 °C. Und Wasser hat sie offenbar nicht. Komisch, denn wenn das Wasser wirklich von Asteroiden ins Innere des Sonnensystems getragen worden ist, dann müssten doch eigentlich alle an deren inneren Planeten auch Wasser besitzen. Aber sie haben keines. Gut, der Merkur ist so nah an der Sonne, dass Wasser, wenn es da jemals eines gab, längst verschwunden ist, denn an der Oberfläche dieses Planeten ist es über 500 °C warm. Das ist viel zu heiß für Wasser, zumal der Merkur ja auch keine Atmosphäre hat. Und der Mars? Der ist zu klein, zu leicht und hat sein Wasser, wenn es mal da war, nicht halten können. Was immer an Wasser an die

Marsoberfläche gedrungen ist, ist mehr oder weniger sofort in die Gasphase übergegangen und verschwunden. Doch die Venus wäre schwer genug, um Wasser an ihrer Oberfläche zu halten. Was ist da passiert? Das ist eine interessante Frage mit einer noch interessanteren Erklärung. Es deutet vieles darauf hin, dass die Venus kein nennenswertes Magnetfeld besessen hat und dass es auf ihr von Anfang an zu heiß war für flüssiges Wasser. Sie ist ja der Sonne ein wenig näher als die Erde. Es hat auf der Venus nie geregnet, sodass die Venusatmosphäre ohne magnetischen Schutzschild, selbst wenn sie am Anfang voller Wasser war, unter der vollen Wucht des Sonnenwindes stand und wie von einem Sandstrahlgebläse abgeraspelt wurde. Das Wasser in der Atmosphäre wurde davongeblasen oder von der ultravioletten Strahlung der Sonne in seine Einzelteile zerlegt. Der sehr leichte Wasserstoff ist ins Weltall entwichen und der Sauerstoff durch Oxidationsprozesse gebunden worden. Noch heute kann man übrigens beobachten, wie aus der Venusatmosphäre Wasserstoff entweicht. Inzwischen lässt sich nachweisen, wie allmählich das bisschen Wasserstoff, das noch da ist, zum Beispiel von den Molekülen der Schwefelsäure getrennt wird und sich dann von dem Planeten verflüchtigt.

Und wie war das bei uns auf der Erde? Wir hatten mal wieder Glück, denn unser Planet befindet sich genau im richtigen Abstand von der Sonne, sodass das Wasser sich sehr schnell hat verflüssigen können. Der Regen fiel auf die Erde und wusch Gase aus der Atmosphäre aus. Diese Reduktion von Kohlendioxid in der Atmosphäre hat einen galoppierenden Treibhauseffekt mit dem Ergebnis ganz hoher Temperaturen verhindern können. Auf der Venus dagegen hat sich der Gehalt an treibhausaktivem Kohlendioxid nicht verringert, und der entsprechende Treibhauseffekt ist explodiert bis zu den gemessenen 450 °C.

Dass sich auf der Erde der Wasserdampf verflüssigen konnte, hat große Konsequenzen. Einerseits schmiert das Wasser den Gesteinskreislauf, macht ihn auf der oberen Kruste sehr effizient, und andererseits hatte die Bildung von Ozeanen fundamentale Bedeutung für die Entwicklung von Leben. Auf unserem Planeten hat das Leben erst im Wasser beginnen können, denn es hat die Moleküle vor der UV-Strahlung der Sonne geschützt. Viel später erst sollten die aus den ersten protobiotischen Vorgängen entstehenden Lebewesen und deren Nachkommen die Fotosynthese entwickeln und damit die Bildung einer Ozonschicht in der Stratosphäre möglich machen, die das Leben an Land vor der zerstörerischen Strahlung der Sonne schützt.

Es müssen also schon einige glückliche Umstände zusammenkommen, damit ein Planet bewohnbar wird und sich dann auch Leben entwickeln kann. Die kosmischen Randbedingungen müssen stimmen, aber was sich dann daraus auf einem Planeten entwickeln kann, hängt immer auch von den jeweiligen lokalen Bedingungen ab. Die Stabilität der Naturgesetze, die Stabilität der Vorgänge, die zur Entstehung von Sternen führen, die Stabilität der Prozesse, die im Innern von Sternen zur Elemententstehung führen, aber auch der Zufall der »richtigen« Zusammenstöße – dies alles ergibt die große Melange, aus der am Ende dann tatsächlich nach einigen Hundert Millionen Jahren in unserem Sonnensystem ein lebensfähiger Planet entstanden ist. Dort hat sich dann die ganz große Transformation vollzogen, nämlich dass aus toter lebendige Materie geworden ist.

9

DIE BAUSTEINE DES LEBENDIGEN

Bis jetzt war es relativ einfach: Es ging um Materie, die nicht lebt, sondern sich einfach nur unter der Wirkung physikalischer Kräfte entsprechend verhält. Materie passt sich nicht an die Umgebung an, ist passiv. Leben hingegen ist aktiv, versucht sich gefährlichen äußeren Einflüssen so weit wie möglich zu entziehen. Doch dann treten ganz neue, bis dahin im Universum unbekannte Phänomene auf. Die große Frage ist, wie sich Materie von diesem passiven, quasi toten Zustand in einen aktiven, lebendigen Zustand verwandeln konnte. Kann man diese Frage wirklich beantworten? Was ist Leben? In einem eindrucksvollen Artikel hat der Biologe Heinz Penzlin argumentiert, dass die Frage nach dem Leben eigentlich gar nicht richtig ist, weil Leben sich nicht festlegen lässt. Man könne selbstverständlich Eigenschaften definieren, die zum Leben gehören, viel wichtiger sei doch, was »lebendig« bedeutet. Penzlin stellt fest, dass die Biologie die Wissenschaft vom Lebendigsein ist. Er konstatiert, dass eines der wichtigsten Merkmale des Lebens, wenn nicht das wichtigste, seine Organisationsform ist. Leben kann nur existieren, wenn bestimmte Teile miteinander interagieren, in intensiver, rückgekoppelter Wechselwirkung zueinander stehen. Das heißt: Der eine spürt die Gegenwart des anderen. Auf diese Weise entstehen Kreisläufe, Zyklen, in denen bestimmte Stoffe bevorzugt synthetisiert werden,

97

die wiederum ihrerseits die Produktion oder den Abbau anderer Stoffe je nach Notwendigkeit katalysieren, also unterstützend begleiten und sogar steuern.

Ein Lebewesen hält sich mittels biochemischer Netzwerke und Kreisläufe, die sich gegenseitig beeinflussen und reproduzieren, am Leben. Voraussetzung dafür ist, dass es eine Grenze gibt zwischen dem Lebewesen und seiner Umgebung. Wir beginnen hier bei den einfachsten Lebewesen, den Elementarbausteinen des Lebens: den Zellen. Zellen haben Grenzen, sogenannte Membranen, die ihre äußerste Hülle darstellen. Innerhalb der Zellhülle gibt es verschiedene Bestandteile, deren Zusammenspiel von der Grenze mitbestimmt wird. Welche Art von Molekülen kann das sein, die solche Grenzen bilden? Die Grenzen sind nämlich nicht undurchdringlich, sie sind nicht vollständig abgeschlossen. Die Grenze, die Zellmembran, ist semipermeabel, also teilweise durchlässig. Es ist möglich, dass Material durch die Membran in das Innere der Zelle gelangt, allerdings kontrolliert und nicht zufällig – bei unkontrolliertem Transport stirbt die Zelle nämlich. Die Zellmembran reguliert und kontrolliert den Transport genau derjenigen Stoffe, die in der Zelle für bestimmte Syntheseprozesse gebraucht und dort verarbeitet werden. Also auch hier wieder: Die Zelle steht mit ihrer Umwelt in Verbindung, sie agiert und reagiert, sie lebt, indem sie mit der Welt wechselwirkt, sich mit ihr austauscht, im wahrsten Sinne des Wortes.

Es fällt mir schwer, bei der Beschreibung des Phänomens Leben einigermaßen nüchtern zu bleiben und mich vom Pathos meines Staunens nicht allzu sehr überwältigen zu lassen. Ganz sachlich betrachtet sind Zellen eine beeindruckende materielle Organisationsform, jedoch kein Wunderwerk, das aus einer ganz anderen Welt stammt, Zellen sind ein Teil der Natur. Die Selbstorganisationsprozesse im Inneren jeder einzelnen Zelle führen zur Freisetzung von Energie, die von der Zelle weiterverwendet wird, um wiederum weitere Produkte zu synthetisieren. Zuletzt muss die Zelle Abfälle wieder loswerden. Physikalisch elementar ausgedrückt erhält eine Zelle ihre Organisationsform, indem sie besonders strukturierte Nahrung mit hohem Ordnungsgrad aufnimmt. Die Physik bezeichnet solche besonders geordneten Zustände als niederentropisch. Lebewesen benötigen Stoffe, die in bestimmter geordneter Form vorliegen müssen. Durch die Oxidationsprozesse wird die aufgenommene Nahrung in hochentropische Abfälle verwandelt, ein Teil davon ist Wärme, der andere sind Exkremente. Auf diese Weise können Lebewesen ihre eigene niedrige Entropie, ihren eigenen hohen Ordnungszustand, aufrechterhalten, allerdings eben nur dadurch, dass sie die Umgebungsentropie erhöhen. Das ist das Prinzip des Lebens: selbst organisiert die eigene Entropie verringern.

Welche Atome sind nun in der Lage, Moleküle zu bauen, die so gut organisiert sind, dass eine Form von Information dort innerhalb der Zelle jederzeit zur Verfügung steht, um bestimmte biochemische Prozesse immer wieder exakt gleich ablaufen zu lassen? Es geht also um eine Art von natürlicher Biotechnik, wobei das ein Widerspruch ist, denn nach Aristoteles ist ja Technik – *techne* – das, was von Menschen gemacht ist. Natur ist vielmehr das, was sich von selbst macht. Bei Lebewesen laufen Unmengen von Prozessen gleichzeitig ab, die sich ziemlich exakt wiederholen und von selbst machen. Man könnte vielleicht von natürlicher *techne* sprechen.

Was sind das eigentlich für Bausteine, aus denen Lebewesen wie beispielsweise wir bestehen? Die Antwort: Kohlenstoff und Stickstoff als Formträger und Verbindungsbaustoffe, Sauerstoff als Energieträger und Wasserstoff, weil dieser das häufigste Element im Universum ist und überall sehr gut Verwendung findet, vor allem als Wasser. Stickstoff (N), Sauerstoff (O), Kohlenstoff (C) und Wasserstoff (H), abgekürzt NOCH, sind übrigens auch mit die häufigsten Elemente im Universum, also ist es kein Wunder, dass es uns Lebewesen auf der Erde gibt. Wobei Kohlenstoff auf der Erde ein eher seltenes Element ist. Häufiger sind hier Silizium, Aluminium und Magnesium. Silizium könnte sich zwar wie Kohlenstoff zu Ketten verbinden, allerdings nur bei sehr niedrigen Temperaturen. Und da kommt dann wieder die Thermodynamik ins Spiel: Wenn es richtig kalt sein muss, sind die chemischen Reaktionsraten natürlich sehr niedrig. Deswegen verwenden wir zum Beispiel Kühltruhen, um organisches Material zu bewahren, weil es bei Kälte länger frisch bleibt. Das heißt also: Bei niedrigen Temperaturen ist Leben vielleicht möglich, wäre dann aber vermutlich so langsam, dass wir Siliziumlebewesen gar nicht als Leben wahrnehmen würden.

Es sind also chemische Elemente erforderlich, die in der Lage sind, große, strukturierte Moleküle aufzubauen. Der Ablauf scheint gesichert, denn aus einfachen Molekülen werden durch Synthesen immer größere Moleküle. Die sich daraus ergebenden ganz großen Moleküle müssen zwei wichtige Eigenschaften besitzen: Einerseits sollen sie ihre Form erhalten, also konservativ sein. Der unveränderliche Teil ist gewissermaßen der Fels, auf dem das Leben aufbaut. Seine Stabilität darf allerdings nicht absolut sein, sondern diese sehr langen Moleküle, die sogenannten Polymere, müssen in ihrem Aufbau die Möglichkeit zu neuen Verbindungen eröffnen, sodass an ihren Rändern immer wieder neue molekulare Variationen gebildet werden können – allerdings ohne dass die Funktion des ganzen Moleküls zerstört wird.

Die Vielfalt des Lebens geht in hohem Maße auf diese Doppelgesichtigkeit, nämlich das fast immer Gleiche, das jedoch mit leichten Variationen, zurück. Das ständige Angebot an Varianten sorgt für eine Palette der fast unendlichen Möglichkeiten der Anpassung an sich verändernde äußere Bedingungen. Eine nur minimal veränderte Form eines Moleküls, die zum Beispiel leicht erhöhte Syntheseraten hat, könnte einen Vorteil gegenüber anderen Varianten darstellen. Dieses Molekül würde sich dann ein wenig schneller vermehren und so nach einiger Zeit die Population dominieren – eine einfache Variante von molekularer Evolution. Zunächst war Evolution, molekulare Evolution. Bis zum richtigen Lebewesen war es da noch ein weiter Weg. Es mussten zunächst Moleküle auftreten, die in der Lage waren, ihre Umgebung so zu manipulieren, dass dort Stoffe entstanden, die wiederum für ihre eigene Synthetisierung wichtig waren. Bereits in den 1970er-Jahren zeigte Manfred Eigen mit seinem sogenannten Hyperzyklus, wie in der organischen Chemie Reaktionen in einer vernetzten, rückgekoppelten molekularen Kreisform sich gegenseitig immer wieder so unterstützen, dass am Ende ein bestimmter Stoff immer wieder aufs Neue aufgebaut wird. Die Voraussetzung dafür ist, dass bestimmte Stoffe aus der Außenwelt in den Zyklus hineintransportiert, eingebaut werden. Das ist der Beginn einer Form von Leben, die nicht unbedingt mit dem Leben, wie wir es heute kennen, zu tun hat, doch die sicherlich in der ganz frühen Phase der Evolution eine wichtige Rolle spielte.

Der ultimative Außenraum ist das Universum, es ist die größte vorstellbare Umgebung. Was hat also das Universum mit dem Ursprung von Leben zu tun? Klar, die richtigen Elemente (NOCH) müssen bereitstehen. Es gibt ja noch viel mehr Elemente, darunter etliche, die für Leben gar nicht geeignet sind. Schauen wir doch mal im Periodensystem der Elemente nach. Zunächst noch einmal zur Erinnerung: Ein Element unterscheidet sich vom vorhergehenden dadurch, dass sich im Kern ein Proton mehr befindet. Das Element Nummer 1 im Periodensystem, Wasserstoff, hat nur ein Proton, das Element Nummer 2, Helium, hat zwei, und das Element Nummer 3, Lithium, hat – richtig gerechnet! – drei usw. Und es gibt keine Lücken im Periodensystem der Elemente. Wir kennen alle stabilen chemischen Elemente im Universum, an ihnen wird sich nichts mehr ändern. Diese Elemente würde man auch noch in 500 Millionen Jahren – sollte es dann noch den Homo sapiens in irgendeiner Form geben – den Schülern beibringen. Das ist eine Allaussage.

Widmen wir uns jetzt einmal den interessanten Elementen. Wasserstoff, Element Nummer 1, ist schon immer da, wurde schon in den ganz frühen Phasen des Universums erzeugt. Dann kommt Element Nummer 2, Helium, zwei Protonen im Kern und im Normalfall auch mit zwei Neutronen. Das ist ein sogenannter Alpha-Kern, das ist eine besonders stabile Konfiguration, die bereits im frühen Universum, aber auch in Sternen durch Fusion erbrütet wird. Helium ist für das Leben an sich uninteressant, doch für die Produktion von CNO, also Kohlenstoff, Stickstoff und Sauerstoff, ist der Kern des Heliums sehr wichtig. Alle Elemente müssen ja in sehr großen, sehr heißen Sternen durch die Verschmelzung von kleineren Kernen aufgebaut werden. Diese Sterne geben durch ihre Supernova-Explosionen die erbrüteten Elemente wieder ans Universum zurück. Aber davon sprachen wir ja schon.

Nun zu Nummer 6 im Periodensystem, dem für das Leben so wichtigen Kohlenstoff. Er besteht aus sechs Protonen und sechs Neutronen. Der Atomkern von Kohlenstoff setzt sich aus drei Heliumkernen, also drei Alpha-Teilchen, zusammen. Sauerstoff, Nummer 8, hat 16 Kernbausteine, also acht Neutronen, acht Protonen, mit anderen Worten: vier Heliumkerne. Diese sogenannten Alpha-Elemente werden bei der Fusion innerhalb von Sternen bevorzugt. Die Kernfusion in Sternen ist eine ziemlich trickreiche Verkettung von kernphysikalischen Besonderheiten. Denn dass sich drei oder vier Heliumkerne in einem Stern zu einem Kohlenstoffkern oder einem Sauerstoffkern zusammenfinden, ist völlig unwahrscheinlich. Für die Erzeugung der für das Leben so wichtigen Elemente Kohlenstoff, Stickstoff und Sauerstoff sind schrittweise Kernverschmelzungen von zunächst zwei Heliumkernen notwendig. Der dabei auftretende Berylliumkern gehört zu den »stabilsten instabilen« Kernstrukturen, und nur deshalb, weil er so lange stabil ist, kann ein dritter Heliumkern mit ihm zu einem Kohlenstoffkern verschmelzen.

Es bedarf also ganz besonderer Kernprozesse in sehr schweren, sehr großen, sehr heißen Sternen, damit die Endprodukte der Fusionsprozesse für das Leben taugliche Elemente sind. Immerhin wissen wir, woher die Elemente kommen, und können deshalb davon ausgehen, dass die Voraussetzungen für ein Phänomen wie Leben in unserem Sonnensystem nicht nur auf unserem Planeten vorliegen, sondern möglicherweise überall in der Milchstraße. Denn die Supernovae, die hauptsächlichen Elementlieferanten praktisch aller Rohstoffe des Lebens, funktionieren überall in der Milchstraße, überall im Universum in gleicher Weise. Also könnte das Universum überall die Elemente des Lebens bereitstellen. Und das sollte uns schon mal eine gedankliche Verbindung zum Universum eröffnen.

Geben wir uns einmal für einen Moment dem Gedankenexperiment hin, dass der Sauerstoff, den man einatmet, von diesem einen Stern kommt, von dem schon die Rede war. Der 25-mal so schwer war wie die Sonne und der vor 4,6 Milliarden Jahren explodiert sein muss – das sagen uns die Meteoriten. Das würde bedeuten, dass wir alle stellare Asche einatmen. Wir sind praktisch Sternenstaub. Man kann die Elemente, aus denen wir bestehen, zusammenzählen. Ergebnis: Bis auf den Wasserstoff, der ganz früh im Universum entstand, bestehen wir zu 92 Prozent aus Material, das in Sternen erbrütet wurde. Die Atome des Menschen und die Atome des Universums kennen einander also – tja, wenn das nicht verbindet!

Zurück zur Sache mit dem Leben. Wann hat das Leben eigentlich auf unserem Planeten angefangen? Wann würden wir mit unseren Augen erkannt haben: Hier tut sich was, hier lebt etwas? Das wäre gar nicht so einfach gewesen, denn zunächst einmal gab es für fast mehr als drei Milliarden Jahre auf der Erde offenbar nur Einzeller, also sehr, sehr kleine Lebewesen, die mit bloßem Auge gar nicht zu erkennen sind.

Wir kennen drei Domänen des Lebens: erstens die Bakterien, Zellen ohne Zellkern; zweitens die Eukaryoten, Zellen mit Zellkern, die die Bausteine der meisten bekannten Mehrzeller, also der Pflanzen, Tiere und mehrzelligen Pilze, sind. Die dritte Domäne bilden die Archaea, die Extremophilen, die auch Prokaryoten sind, also keinen Zellkern haben, allerdings an extreme Umweltbedingungen angepasst sind. Eine durchaus verständliche Frage ist, wieso es eigentlich nur diese drei Varianten von Lebensdomänen gibt und nicht viel mehr. Wo bleibt die Vielfalt, wo sind die anderen Varianten? Was ist da passiert? In der Biologie gilt wie erwähnt heute das Standardmodell des LUCA, des letzten gemeinsamen Ahnen von allem, was auf der Erde lebt. Das Leben auf unserem Planeten hat sich tatsächlich nur aus diesen Urzellen entwickelt. Sie sind der Ausgangspunkt für die drei Domänen, deren Aufbau sich – so haben molekulare Analysen ergeben – eindeutig auf *einen* gemeinsamen Vorfahren zurückführen lässt. Dabei gab es Übergänge, die sich dann irreversibel zu neuen Varianten weiterentwickeln konnten.

Inzwischen hat sich das Modell eines Phasenüberganges als besonders vielversprechend herausgestellt. Es muss, so die Vorstellung, eine Phase der molekularen Evolution gegeben haben. In deren Verlauf haben bereits komplexe Moleküle durch Austausch manche Eigenschaften anderer Moleküle übernommen, und zwar ohne Vererbung. Man kann es sich fast wie ein thermodynamisches Bad vorstellen mit einer bestimmten Temperatur, einer bestimmten Dichte, einer bestimmten Konzentration von allen möglichen Stoffen, in denen Moleküle erste Schritte zur biologischen Evolution dadurch vollziehen, dass ständig Verbindungen neu entstehen und sich wieder in Teilen auflösen. Es gibt also ein ständiges Hin und Her. In einer Reaktionsgleichung würde man einen Pfeil in beide Richtungen setzen, vorwärts aufbauend und rückwärts abbauend.

In einer solchen dynamischen Gleichgewichtssituation könnte es – das ist das Arbeitsmodell – zu einem horizontalen Genaustausch gekommen sein. Diese Variante, in der Biologie mit HGT *(horizontal gene transfer)* abgekürzt, bedeutet noch keine Vererbung, sondern einen sehr schnellen Transfer, also Auf- und Abbau von Molekülen. In gewissem Sinn hat man es in dieser Phase mit Vorformen von Leben zu tun, bei denen bestimmte Teile von großen Molekülen ausgetauscht werden. Dieser Austausch erfolgt in dieser Form, solange sich kein besonderer Vorteil für eine Molekülvariante ergibt, solange es eben immer zu einer gleichen Austauschrate vorwärts und rückwärts kommt. Falls aber das Einbauen eines bestimmten Molekülteils für eine besondere Form von Molekülen zum Vorteil geworden ist, entscheidet die Dauer des Vorteilsintervalls, ob es zur Vererbung, also zum biologischen, zeitlich in der Zukunft liegenden, demnach vertikalen Genaustausch kommt oder nicht. Ist der Vorteil für das Molekül nur zeitlich kurz wirksam, verschwindet die Variante wieder. Trotzdem kann sich in der Zeit des wirksamen Vorteils eine kleine, aber abgeschlossene Region innerhalb der Flüssigkeit entwickelt haben, in der für einen winzigen Moment zum ersten Mal eine Membran entstanden ist. Solche molekularen Strukturen wie Membranen entstehen häufig dann, wenn Moleküle mit besonderen Eigenschaften auftauchen. Etwa wenn ein Teil des Moleküls die Anwesenheit von Wasser nutzt, also hydrophil ist, und auf der anderen Seite einen Anteil hat, der in Wasser eher bindungsunfähig – hydrophob – ist. Solche Moleküle drehen sich so, dass die hydrophilen zum Wasser hin ausgerichtet sind und die hydrophoben vom Wasser weg.

So entstehen zweidimensionale Ringstrukturen, womöglich zunächst nur kurzzeitig, vorübergehend. Die Ringstruktur löst sich dann wieder auf, entsteht neu und so weiter. Die bloße Tatsache jedoch, dass sich für einen winzigen Moment die Situation in der Lösung ein wenig verändert hat, könnte dazu geführt haben, dass die Austauschrate, die bis dahin nur von Temperatur oder Dichte abhängig ist, sich für die kurze Zeit der Membranexistenz verringert hat. Es kommt zu Schwankungen, Störungen des bis dahin fast perfekten Gleichgewichts.

Je nach Intensität und Zeitskala können die Störungen sich verstärken, anwachsen und damit das System, die Lösung mit ihren Molekülen, völlig verwandeln. Der intensive Austausch mit der Umgebung wird schlagartig angehalten. Und da stellt sich die Frage: Wie steht es um den Fitnessparameter? »Fitness« wird hier zunächst definiert als fit gegenüber dem horizontalen Genaustausch, der jedoch durch die Membranbildung verringert wurde. Wieder entscheiden die Stärke und die Dauer des Vorteils innerhalb der Membran darüber, ob die Moleküle überleben oder sich doch wieder auflösen. Vielleicht schaffen sie es diesmal noch nicht. Aber irgendwann muss es gelungen sein, und als es passiert war, als die Phase »gesprungen« ist, hat dieser eine, vielleicht nur kleine Vorteil bewirkt, dass der Schritt vom horizontalen zum vertikalen Genaustausch vollzogen wurde. Der Vorteil der gebildeten Membranstrukturen war so dauerhaft und intensiv, dass er vererbt wurde.

Den vertikalen Genaustausch, die Vererbung von einer Generation auf die nächste, nennt man in der Biologie *Darwinian transition*, Darwin-Übergang. Damals sind zum allerersten Mal drei oder mindestens zwei andere Stämme aufgetaucht. Möglicherweise war es auch nur einer, aus dem sich dann relativ schnell die anderen gebildet haben könnten. Angefangen hat das alles mit den Archaea. Deren großer Vorteil war von Anfang an, dass sie an extreme physikalische und chemische Umgebungen gewöhnt sind. Sie waren offensichtlich sehr erfolgreich darin, unter extremen Bedingungen zu leben, und sicher die einfachste Form von Leben, am wenigstens wählerisch. Bakterien und Eukaryoten sind wesentlich selektiver, sie brauchen bestimmte Bedingungen, um sich am Leben zu erhalten.

Insgesamt ergeben die Funde der allerersten Lebensspuren, dass das Leben auf der Erde unter vergleichsweise extremen Bedingungen begonnen hat. Und unter extremen Bedingungen leben heute noch Lebewesen, die ebendiese lieben: Extremophile oder auch Archaea. Sie haben sich unter dem Einfluss vieler Faktoren und im Rahmen eines Phasenübergangs vom horizontalen zum vertikalen Gentransfer als erste Generation von Leben entwickelt. Diese Theorie liegt auch ganz auf der Linie derjenigen naturwissenschaftlichen Modelle, die von möglichst wenigen Annahmen ausgehen, wie sie sich vor allem in der Physik als besonders erfolgreich erwiesen haben. William von Ockhams Rasiermesser lässt grüßen!

Egal wie alles begonnen hat: Die Entstehung von molekularen Strukturen, die sich selbst organisierten und damit auch weiterentwickelten, brauchte die chemischen Elemente, und dafür war das Universum nötig, das diese Elemente bereitgestellt hat. Unser Leben hier auf der Erde ist ein Teil dieses riesengroßen Kreislaufs der Materie, wie er in der Milchstraße seit vielleicht 13,2 Milliarden Jahren stattfindet. Die Möglichkeit, dass sich auf einem Planeten Leben entwickelt, hängt von sehr vielen, höchst bemerkenswerten Einflussfaktoren ab, die sich alle letztlich auf das Universum beziehen. Allein die Möglichkeiten molekularer Selbstorganisation bis hin zu Molekülen, die sich genau die Umgebungsbedingungen schaffen, die für sie nötig sind, um sich zu vermehren, hängen sehr eng mit thermodynamischen Grundgesetzen zusammen, die bereits seit Anfang des Universum gültig sind. Gemeint sind die Erhöhung von Entropie und die Erhaltung von Energie. Beide sind letztlich hochabstrakte Begriffe der theoretischen Beschreibung der Physik. In diesem Universum geschehen Prozesse von alleine nur, wenn Energie frei wird und sich die Entropie erhöht. Leben ist da schon etwas sehr Besonderes, denn die Energie, die Lebewesen brauchen, nehmen sie von außen in sich auf, und die Entropie, die sich in ihnen durch Verbrennung und Atmung erhöht, wird nach außen exportiert.

Leben steht also fast ständig in einer Auseinandersetzung mit den grundlegenden natürlichen Gegebenheiten. Man könnte spekulieren, ob sich das Universum mit der Entwicklung von Lebewesen vielleicht nicht selber überrascht hat. So kann Materie also auch sein, so ganz anders als die passiven Materiebrocken, Gaskugeln und Galaxien. Leben ist etwas Besonderes, das Universum macht sich viel Arbeit damit, und tatsächlich sind wir nicht nur Sternenstaub, sondern auch ein ziemlich interessanter Teil der kosmischen Geschichte, vielleicht einer der ganz wenigen Bestandteile des Kosmos, die über sich selber sprechen können.

10

VON MÖGLICHEN UNFÄLLEN, KATASTROPHEN UND ZUFÄLLEN

Das Universum ist das Reich der energetischen und materiellen Möglichkeiten. Ich betone: des Möglichen, nicht des Vorbestimmten, des Determinierten. Wir kennen inzwischen die Gesetze der Natur sehr genau, doch diese Gesetze sind nur ein Teil des Möglichen. Der andere Teil ist genauso wichtig und hängt mit der wissenschaftlichen Methode der Zerlegung zusammen, der Reduktion auf Einzelprozesse, die man per Experiment untersuchen will. Diese Einschränkung auf das Einzelne erlaubte überhaupt erst den Erkenntnisfortschritt, denn das Ganze ist ja viel zu groß. Mit anderen Worten: Dass wir heute so viel über die Abläufe im Universum als Ganzes wissen, verdanken wir der Methode der Zerlegung in Einzelprozesse.

Diese Zerlegung erlaubt dann die Zusammenfassung zum großen Ganzen. Dabei ergeben sich neue Erkenntnisse darüber, wie die isoliert betrachteten Mechanismen untereinander und miteinander verbunden sind. Doch die Betrachtung von Einzelprozessen hat deshalb natürlich Grenzen. Zunächst ist da die zeitliche Grenze, denn jeder Prozess soll ja einmal angefangen haben, das heißt, es gab ein Vorher. Im wissenschaftlichen Jargon spricht man von den Anfangsbedingungen, die sind aber unabhängig von dem zu untersuchenden Mechanismus. Deshalb können sie beliebig sein, sie müssen nicht notwendig so sein, wie sie waren – sie hätten auch anders sein können. Trotzdem bestimmen sie den Ausgangspunkt für physikalische Prozesse, die man untersuchen will. Und dann sind da die räumlichen Bedingungen und Grenzen, also die Ortsabhängigkeit der beteiligten physikalischen Parameter. Auch sie sind nicht notwendig, sondern hängen ab von dem, was vorher passierte.

Die Kombination der Anfangs- und Randbedingungen bestimmt also zusammen mit den Naturgesetzen das Reich des Möglichen. Damit das jetzt nicht zu philosophisch wird, hier mal ein ganz konkretes Beispiel: Wasser ist ein Stoff, der aus Wassermolekülen besteht, deren Aufbau den quantenmechanischen Gesetzen gehorcht. In welcher Form das Wasser vorliegt, bestimmen die äußeren Bedingungen. Ist es heiß, dann ist Wasser Dampf. Ist es kalt, dann strukturieren sich die Moleküle zu Eiskristallen. Liegt die Temperatur im Bereich dazwischen, liegt die Verbindung der beiden Gase Wasserstoff und Sauerstoff im flüssigen Aggregatzustand vor.

Dieser enge Zusammenhang von Gesetzen und Bedingungen mit dem Reich des kosmisch Möglichen führt zum eigentlichen Thema dieses Kapitels: Welche möglichen Ereignisse hätten für unseren Planeten oder gar für unser ganzes Sonnensystem katastrophale Folgen gehabt? In den bisherigen Kapiteln lag der Schwerpunkt darauf, welche besonderen Bedingungen geherrscht haben müssen, damit unsere kosmische Umgebung sich so »wohlwollend« dem Leben gegenüber entwickelt hat. Nun soll es um Weltuntergangsszenarien gehen, doch nur um solche, die nicht eingetreten und die auch nicht mit uns Menschen und unseren technischen Möglichkeiten verbunden sind. Schauen wir uns einmal an, was alles hätte passieren können.

Unser Sonnensystem ist bekanntlich 4,567 Milliarden Jahre alt. Bereits bei seiner Entstehung damals hätte allerhand passieren können, was die Bildung einer Gas- und Staubscheibe verhindert hätte. Denn der Stern, von dem unsere chemischen Elemente stammen, ein Gasball 25-mal so schwer wie die Sonne, ist nicht alleine entstanden. Solche Riesen sind relativ selten in der Milchstraße, sie bilden sich in Sternhaufen. Ein Sternhaufen heißt Sternhaufen, weil es sich dabei um einen Haufen Sterne handelt. Und dass es sich um einen Haufen Sterne handelt, hat damit zu tun, dass Sterne in sehr großen Wolken mit einem Durchmesser von bis zu hundert Lichtjahren entstehen. Sie kollabieren unter ihrer eigenen Schwerkraftwirkung nicht als Ganzes, sondern sie fragmentieren. Das heißt, in abgegrenzten Bereichen ist die Gasdichte etwas höher als in der Umgebung. Dort ist die Schwerkraft höher als drum herum. Das Gas aus der Umgebung wird deshalb dort hingezogen, die Dichte steigt weiter an, und die Schwerkraft wird noch stärker.

Es bilden sich viele Sterne in einer Gaswolke, die meisten übrigens als Doppelsterne und als Sterne, die ungefähr so schwer sind wie unsere Sonne oder leichter. Einige wenige davon sind dann viel schwerer. Ein Stern mit 25 Sonnenmassen entsteht laut unseren heutigen Beobachtungen nur im Zentrum von Sternhaufen mit etwa 600 bis 2000 Sternen!

Die Analysen der Meteoriten verraten uns nicht nur, dass es sich um eine Supernova eines solchen Riesen gehandelt haben muss, sondern auch, in welcher Entfernung zu dem Teil der Gaswolke, in dem sich unser Sonnensystem entwickelt hat, sie passiert ist. Nun, die Explosion geschah knapp ein Lichtjahr weit entfernt von dem Ort, an dem sich die Sonne gebildet hat. Unser Sonnensystem ist also im Zentrum eines Sternhaufens entstanden. Da sich das alles in der gleichen Sternentstehungsregion abgespielt hat, waren die entstandenen Sterne durch ihre gegenseitige Schwerkraftwirkung aneinander gebunden. In Sternhaufen sind die Abstände zwischen den Sternen, insbesondere im Zentrum des Sternhaufens, viel kleiner als heute in der Nachbarschaft der Sonne. Heute ist der nächste Stern, Proxima Centauri, etwa vier Lichtjahre entfernt. Das war früher ganz sicher nicht so.

Gerade in der ganz frühen Phase seiner Entstehung hätte unserem Sonnensystem deshalb Folgendes passieren können: Zwar regt die Explosion des 25-Sonnenmassen-Riesen die Entstehung des Sonnensystems an, aber das alles passiert in einer Umgebung mit sehr vielen nahen Nachbarsternen. Einer davon, in ganz geringer Distanz, hätte an ihm vorbeifliegen können. Und die Scheibe, die sich da allmählich um unsere Sonne, die selbst noch am Werden war, allmählich formte, hätte sich wieder auflösen können. Denn die Schwerkraft des vorbeifliegenden Nachbarsterns hätte Teile der Scheibe zu sich herangezogen, und unsere Scheibe wäre in ihren äußeren Bereichen deutlich verändert worden. Dann wären Jupiter und Saturn in den ersten fünf Millionen Jahren eben nicht entstanden. Auch ihre anschließende Wanderung, erst nach innen und dann wieder außen, wäre nicht passiert. Die ganze Geschichte des Sonnensystems wäre völlig anders verlaufen. Ob überhaupt Gesteinsplaneten entstanden wären, ist nicht klar, und wenn die Scheibe nicht freigeräumt worden wäre, wären eher Supererden zu erwarten gewesen, wie wir das heute in vielen anderen extrasolaren Planetensystemen beobachten. Solche Riesengesteinsplaneten haben dichtere Atmosphären mit viel höheren Drücken und ganz anderen Bedingungen, als wir sie heute von unseren Planeten kennen. Doch offenbar kam es nicht dazu, dass ein Nachbarstern so nahe vorbeiflog.

Na ja, ganz so einfach ist es nicht. Es zeigt sich nämlich, dass die räumliche Verteilung der Körper in unserem Sonnensystem außerhalb der Bahn des Neptuns bei ca. 30 Astronomischen Einheiten abrupt abbricht. Offenbar ist die Scheibe in diesem Abstand durch irgendetwas abgeschnitten worden. Was könnte das gewesen sein? Richtig, ein Stern, der vorbeigeflogen ist – nur eben nicht so nah, dass sich die Scheibe da draußen auflöste. Die Rand- und

Anfangsbedingungen damals müssen so gewesen sein, dass sich die Planeten entwickeln konnten und sich trotzdem eine geschrumpfte Scheibe gebildet hat. Die Schrumpfung der Scheibe hat ihren Drehimpuls erhöht. Inwieweit sich das auf die Entstehung der Planeten ausgewirkt hat, ist noch unklar, doch Computersimulationen beweisen, dass ein nicht zu naher Vorbeiflug am sich bildenden Sonnensystem genau die Bedingungen erzeugte, die zur Entstehung der Planeten nötig waren.

Solche Spekulationen über die Möglichkeitsform, all das Hätte, Wäre und Könnte, regen natürlich zu der Frage an, ob denn auch heute noch die Gefahr bestünde (um im Konjunktiv zu bleiben), dass ein Stern nahe an der Sonne vorbeiziehen kann. Wie ist da die Lage? Droht uns aus der Milchstraße die Gefahr, dass ein Stern in gar nicht allzu ferner Zukunft an unserem Sonnensystem in gefährlich geringer Entfernung vorbeifliegt und einen Planeten aus seiner Bahn reißt? Auch das schauen sich die Astronomen per Computersimulationen an. Die Ergebnisse sind eindeutig: Jupiter und Saturn sind wie festgemauert im Sonnensystem, könnte man sagen. Auch Uranus und Neptun liegen ziemlich stabil auf ihren Bahnen. Ein Stern müsste schon sehr nahe am Sonnensystem vorbeifliegen, um eine Störung der Bahn der Gasriesen zu erzeugen. Doch die weit kleineren Gesteinsplaneten im Inneren des Sonnensystems reagieren sehr viel empfindlicher auf schwächere Störungen des Schwerkraftfeldes. Sie sind auf Bahnen um die Sonne unterwegs, aus denen sie durchaus ausgelenkt werden könnten. Die Computerszenarien zeigen, was passieren kann. Insbesondere Merkur ist stark gefährdet, seine jetzige Bahn zu verlassen und sich auf einem sehr exzentrischen Orbit der Venus oder der Erde gefährlich zu nähern. Aber lassen wir diese Spekulationen. Offenbar ist das alles in unserem Sonnensystem in den letzten 4,5 Milliarden Jahren nicht passiert. Aber man kann ja einmal festhalten: Dass Sie dieses Buch lesen, ist nur möglich, weil all diese Katastrophen, die hätten passieren können, nicht eingetreten sind. Wäre die Erde einmal aus ihrer Bahn herausgerissen worden, so wäre kein Leben mehr auf unserem Planeten möglich.

Nun wissen wir also, was alles hätte passieren können. Daraus ergibt sich die naheliegende Frage: Aufgrund welcher Mechanismen hat unser Sonnensystem exakt seine heutige Struktur erhalten? Anders gesagt: Wie ist unser Sonnensystem zu dem geworden, was wir heute beobachten? Da gibt es außer den beiden Gasriesen und den vier Gesteinsplaneten auch noch Uranus und Neptun, zwei Eisplaneten. Die beiden sind mit ihren 14,5 beziehungsweise 17 Erdmassen eine Mischung aus Eis und Gestein. Eigentlich schwirrt da draußen noch mehr an Planeten herum, doch man hat vor einigen Jahren entschieden, dass diese Brocken, deren bekanntester der Pluto ist, Zwergplaneten sind, und die lassen wir erst einmal beiseite. Obwohl – ganz außer Acht können wir sie nicht lassen, weil sie ein Indikator dafür sind, was da früher passiert sein könnte.

Uranus und Neptun erzählen uns ein weiteres Kapitel aus der Geschichte der wirklich sehr besonderen Prozesse in der Frühzeit des Sonnensystems. Die beiden Eisriesen haben nämlich eine sehr wechselvolle Geschichte. Wie bereits erwähnt, hat die äußere Scheibe um die Sonne durch einen vorbeifliegenden Nachbarstern ihr Gas verloren, und Felsbrocken haben sich gebildet. Glaubt man den Computersimulationen, muss sich dann im Bereich der heutigen Neptunbahn eine Trümmerwolke aus ca. 30 bis 40 Erdmassen gebildet haben.

Die Eisriesen Neptun und Uranus begannen zur gleichen Zeit wie Saturn und Jupiter zu entstehen, konnten aber nicht so groß anwachsen. Möglicherweise war die Konkurrenz der deutlich schwereren Gasriesen dafür verantwortlich, dass kaum noch Gas für Neptun und Uranus übrig blieb. Deren innerer Kern besteht deshalb nicht aus Gas, sondern aus Felsenmasse. Die Gasriesen wanderten bekanntlich ins Innere unseres Sonnensystems und wieder hinaus. Das Wiederauftauchen der beiden Riesenplaneten im äußeren Sonnensystem hatte natürlich Konsequenzen, denn ihre Schwerkraftwirkung machte sich auch bei Neptun und Uranus bemerkbar. Ein höchst interessanter Tanz der Planeten begann. Nur noch einmal zur Erinnerung: Als Jupiter und Saturn das Äußere des Sonnensystems erreichten, befanden sie sich in einer 3 : 2-Resonanz. Während sich also Jupiter mit 317 Erdmassen dreimal um die Sonne bewegte, tat das Saturn mit seinen 95 Sonnenmassen genau zweimal. Neptun und Uranus mussten nun auf diese resonanten Massen reagieren. Dabei kam es zu einer neuen Resonanzbildung. Jupiter drehte sich nun zweimal um die Sonne, während es Saturn nur einmal schaffte, sie befanden sich jetzt also in einer 2 : 1-Resonanz. Was im äußeren Sonnensystem unter dem Eindruck dieser Resonanz passierte, beschreibt das sogenannte Nizza-Modell, benannt nach dem Ort, an dem die Ideen für dieses Szenario erstmals von einer Forschergruppe diskutiert wurden.

Das Szenario spielte sich rund 500 Millionen Jahre nach der Bildung des Sonnensystems ab. Alle vier Planeten befanden sich auf kreisförmigen Bahnen, und eine Trümmerwolke von ca. 35 Erdmassen aus größeren und kleineren Brocken umkreiste das Sonnensystem in ca. 30 bis 40 AU Entfernung von der Sonne. Wichtig ist allerdings die geänderte Reihenfolge: Jupiter, Saturn, Neptun und dann Uranus. Ihre Reihenfolge richtete sich nach der jeweiligen Masse. Die großen Planeten beschleunigten zunächst vereinzelte Brocken aus der Scheibe. Dabei fand ein Drehimpulsübertrag statt, der wiederum die Bahnen der Planeten geringfügig veränderte. Mittels numerischer Simulationen konnte man zeigen, dass deshalb die äußeren Planeten nach außen und Jupiter nach innen wanderten. Deshalb kam es nach ein paar Hundert Millionen Jahren eben zu der erwähnten 2 : 1-Resonanz zwischen Jupiter und Saturn. Wie bei einer Schaukel wurde nun immer mehr Energie auf die äußeren Planeten übertragen, und die Bahnexzentrizitäten stiegen an. Insgesamt wurde das äußere Sonnensystem instabiler. Saturn, Uranus und Neptun kamen einander und der Scheibe aus Felsenbrocken nahe. Die auftretende Wirkung der anwesenden Planeten zerstreute die Trümmerwolke sehr schnell, Teile davon drangen ins Innere des Planetensystems ein und lösten dort das bereits oben beschriebene Große Bombardement aus. Interessanterweise kam es bei der Hälfte der simulierten Modelle dabei auch zu einem Platzwechsel zwischen den zwei äußersten Gasplaneten Neptun und Uranus. Nach etwa hundert Millionen Jahren erreichten die Planeten schließlich ihre heutigen Entfernungen voneinander, ihre Exzentrizitäten wurden gedämpft, und das System stabilisierte sich wieder.

Dieses Modell erklärt die geringe Masse im Kuipergürtel, die gekippte Rotationsachse des Uranus und die Gründe für das späte Große Bombardement. Die Planeten und die Trümmerwolke haben sich durch ihre gegenseitige Schwerkraftwirkung und ihren Drehimpulsaustausch in Resonanz gebracht. Das kann man mit einem schaukelnden Kind vergleichen: Tippt man es im richtigen Moment an, werden die Amplituden der Schaukelbewegung immer größer. Unsere vier Planeten könnten sich eben auch so in Resonanz gebracht haben, dass für Neptun der Anstoß so groß war, dass er durch die Wechselwirkung mit Saturn und der Felsenwolke im Kuipergürtel in Resonanz gebracht wurde und dann tatsächlich über den Uranus »sprang«. Dabei neigte sich die Rotationsachse des Uranus erheblich, ist sozusagen gekippt. Die Ankunft von Neptun in der Trümmerwolke hat diese aufgelöst und war verantwortlich für das *Late Heavy Bombardment*, dessen Spuren wir heute in Form von Kratern auf der Mondoberfläche beobachten können. Analysen des Mondgesteins und der Mondoberfläche haben ergeben, dass es rund 500 Millionen Jahre nach seiner Entstehung zu einer ungeheuren Welle von Einschlägen auf unserem Trabanten gekommen ist. – Das geschah sicherlich auch auf der Erde, doch hier haben die entsprechenden Prozesse an der Oberfläche die ganzen »Wunden« längst getilgt. Es gibt sie hier gar nicht mehr, doch auf der Mondoberfläche kann man sie noch sehen.

Es ist wirklich erstaunlich, was alles passieren musste, damit unser Sonnensystem so aussieht, wie es aussieht. Das Nizza-Modell erklärt alle Phänomene unseres Sonnensystems, vor allem das fast völlige Fehlen von Felsenplaneten jenseits des Neptuns. Dass es weiter draußen auch keine Gasplaneten gibt, liegt daran, dass ein Stern in einem Abstand von vielleicht einem Drittel Lichtjahr an der jungen Scheibe vorbeigeflogen ist und damit das Gas der Scheibe durch seine Gezeitenkraft abgezogen hat. Doch auch für die festeren Objekte erklärt das Nizza-Modell, warum einige Hundert Millionen Jahre danach keine nennenswerten Felsbrocken oder Zwergplaneten mehr übrig blieben. Die Kombination der springenden Planeten und der Vorbeiflug eines benachbarten Sterns lässt uns dann auch verstehen, warum einige der Zwergplaneten so ausgeprägte elliptische Bahnen besitzen.

Wäre der Stern damals ein wenig zu nah an uns vorbeigeflogen, dann gäbe es uns nicht. Aber so hat er bewirkt, dass die innere Scheibe sich zusammengezogen hat, das heißt, der Drehimpuls in der Scheibe war dann so groß, dass die Planeten, die final entstanden, eben auch über einen Drehimpuls verfügten, der sie nicht zu nahe an den Stern hat heranwachsen lassen. Diese ganzen Brocken hatten vielmehr so viel kinetische Energie, dass die Felsenplaneten weit genug von der Sonne entfernt sind.

Auch die jeweiligen Entfernungen der Planeten weisen auf ein Problem hin, vor allem seitdem man über 4000 extrasolare Planetensysteme entdeckt hat. Deren Planetenverteilung und deren Entfernungen zum jeweiligen Zentralgestirn unterscheiden sich nämlich deutlich von denjenigen des Sonnensystems. Nicht nur, dass dort zumeist sehr viel schwerere Gesteinsplaneten als bei uns offenbar der Normalfall sind. Darüber hinaus sind viele dieser Supererden dem Stern, den sie umrunden, auch sehr viel näher als unsere Planeten der Sonne. Angesichts der universellen Nichtabschirmbarkeit der Gravitation ist die Bildung von nur wenigen sehr schweren Gesteinsplaneten sehr nahe am Stern äußerst plausibel. So etwas wie unser Sonnensystem ist zurzeit eher außergewöhnlich. Es könnte also sein, dass unser Sonnensystem ein eher ausgedehntes Planetensystem darstellt, das durch den Vorbeiflug eines Sterns in der ganz frühen Phase der Scheibe um die Sonne noch einmal so viel Extradrall bekam, dass die Planeten so weit draußen entstanden sind und – vor allem nach der Migration von Saturn und Jupiter von innen nach außen – für die Felsen im inneren Teil des Sonnensystems genügend Drehimpuls zur Verfügung stand. Das hatte zur Folge, dass sich die Gesteinsplaneten nicht zu nah an der Sonne gebildet haben und unsere Erde sogar in der bewohnbaren Zone liegt.

Lassen Sie mich nochmals betonen: Unser Sonnensystem ist sehr stabil. Man kann das sehr genau untersuchen, denn das Universum ist fast völlig leer, wie ein Blick in den Himmel verrät. Diese Leere bedeutet, dass es keine nennenswerte Reibung gibt und man mit den Gesetzen der Himmelsmechanik die Bewegungen am Himmel sehr genau vorausberechnen kann. Diese sehr hohe Prognostizierbarkeit der Mechanik ist ja das Credo der Moderne geworden. Daraus haben große Geister in der Neuzeit den Schluss gezogen, dass wir alles in der Natur berechnen könnten.

Wie leer das Universum ist, wird klar, wenn man sich einmal in die Lage eines Planeten wie der Erde versetzt. Die ist jetzt seit 4,567 Milliarden Jahren unterwegs. Jedes Jahr dreht sie sich um ihre leicht schwankende, präzedierende Rotationsachse (»Präzession« nennt man die Schwankung dieser Achse), stabilisiert durch den Mond. Ansonsten passiert nichts Außergewöhnliches mit unserem Heimatplaneten. Er umkreist auf einer ganz leicht elliptischen Bahn die Sonne. Deren Masse, immerhin 333 000-mal so groß wie die der Erde, bestimmt das gesamte Geschehen. Als Planet kommt man da nicht mehr aus der Nummer raus, man ist für immer gebunden. Die Lage unserer Erde ist also geprägt durch eine unglaubliche Stabilität, die das Universum durch seine Leere garantiert, eine Stabilität gegenüber Schwankungen des Schwerkraftfeldes, die z. B. durch Reibung verursacht werden könnten. So eine Instabilität könnte zwar dazu führen, dass die Planeten aus ihren Bahnen herausgerissen werden, doch ist offensichtlich in den letzten 4,5 Milliarden Jahren mit unserem Sonnensystem nichts dergleichen passiert.

Nehmen wir an, die Erde wäre über längere Zeit ein bisschen weiter weg von der Sonne gewesen – gerade in der frühen Phase, als die Sonne leuchtschwächer als heute war. Dann wäre die Erde schlagartig vergletschert. Wäre sie der Sonne zu nahe gekommen, wäre genau das Umgekehrte passiert, nämlich das, was wir bei der Venus beobachtet haben: Wasser existierte dann nur noch als Dampf, es wäre zwar in der Atmosphäre geblieben, aber ohne die entsprechenden Vorgänge wäre es dort oben dissoziiert und einfach verschwunden. All diese Vorgänge gab es auf der Erde nicht, und das hat damit zu tun, dass das Universum so reibungsfrei ist.

Vom Standpunkt eines theoretischen Physikers aus könnte man sagen: Das Universum ist das idealste System, das es überhaupt gibt. Vielleicht ist das ja auch der Grund, weshalb Astrophysik überhaupt so gut funktioniert. Hätte man bei der Berechnung der Planetenbewegungen mit Reibung und Flüssigkeiten rechnen müssen – also anstelle der einfachen mechanischen Gesetze mit den komplizierten hydrodynamischen Gleichungen –, wäre die Newtonsche Mechanik relativ schnell am Ende gewesen. In der Hydrodynamik gibt es Strudel, Turbulenzen, Nichtlinearitäten, Rückkopplungen usw., da ist nichts so einfach vorhersehbar. Bei der Newtonschen Mechanik hingegen reicht es, Geschwindigkeit und Ort eines Objektes zu kennen – und die Bewegungsgleichung kann vollständig für immer gelöst werden. Man kann genau sagen, wie es weitergehen wird. Tauchen allerdings Störungen oder Reibungsverluste auf, dann ist die Reinheit des Phänomens dahin. Es kann sogar sein, dass die Bewegung von den Eigenschaften des Materials abhängig wird. Aber wie bereits mehrfach erwähnt: Das alles einzukalkulieren ist für die Berechnung der Planeten-, Asteroiden- und Kometenbahnen, die Bestimmung von Mond- und Sonnenfinsternissen im entwickelten Sonnensystem nicht nötig. Da war alles, was stören könnte, schon verschwunden, in die Sonne gestürzt, zu Planeten geformt oder hatte unser Planetensystem verlassen.

In seiner frühen Zeit dagegen war die Entstehung unseres Sonnensystems sehr wohl abhängig von Explosionen, Strömungen und Reibung. Es musste ein Stern explodieren, ein anderer Stern an unserer sich bildenden Sonne mit ihrer sich formenden Scheibe vorbeigeflogen sein. Aber dann wurde es lange Zeit in Ruhe gelassen. Und auch heute sehen wir in der Milchstraße: Wir sind weit entfernt von kosmischer Gewalt. Nur selten trifft etwas von außen unsere Erde – hin und wieder ein Asteroid, aber Asteroiden gehören zum Einflussbereich der Sonne, sie sind genauso ans Schwerkraftfeld der Sonne gebunden wie die Planeten.

Ab und an kommt auch mal ein Komet aus den äußeren Bereichen des Sonnensystems vorbei oder sogar ein Körper wie unlängst Oumuamua, der von einem anderen Sternsystem stammen soll. Inzwischen wurde sogar schon spekuliert, dass es sich um den Überrest eines extraterrestrischen Raumschiffs handeln könnte. Aber ich denke, man sollte nach etwas einfacheren Lösungsmöglichkeiten suchen, zumal er uns auch schon wieder verlassen hat und wir ihm nur noch hinterherschauen können. Aber vielleicht kommt ja wieder mal etwas – wer weiß, was das Universum noch für Überraschungen bereithält. Im Großen und Ganzen muss man sagen, dass wir im Bereich der Milchstraße in einer äußerst langweiligen Ecke sind, kosmisch, astronomisch gesehen: Es sind keine Sternentstehungsgebiete unmittelbar in der Nähe, in der ein Stern explodieren könnte, und auch die Sternendichte ist bei uns eher mickrig.

Dennoch haben wir in den letzten Jahren geeignete Methoden entwickelt und Instrumente ins Universum geschickt, die sich nun genau anschauen, wie sich die Sterne in unserer Umgebung bewegen. Wir wollen uns nicht mit den einst triumphierenden Instrumenten der alten Himmelsmechanik begnügen und sagen: Nenne mir die Geschwindigkeit und den Ort eines Objektes, und ich sage dir ganz genau, wohin es sich bewegen wird. Da gibt es beispielsweise das unglaublich tolle Instrument Gaia, eine Sonde, die eine präzise dreidimensionale Durchmusterung des ganzen Himmels durchführt. Sie kann nicht nur die Position von Sternen bestimmen, sondern auch deren Eigenbewegung. Letztere zu messen ist von der Erde aus sehr schwierig. Man muss über Jahrzehnte Daten erheben, damit man nachweisen kann, ob sehr weit entfernte Sterne eine Eigenbewegung haben. Es geht nicht um die scheinbare Bewegung, die mit der Drehung der Erde zusammenhängt, sondern um winzige Veränderungen der Sternpositionen unabhängig von der Bewegung der Erde. Gaia ist eine Maschine, ein Roboter, der Millionen Sterne immer wieder aufs Neue fotografiert und dann Positionen vergleicht. Daraus ergeben sich die Geschwindigkeit und auch die Richtung, in welche die Sterne fliegen.

Weiter oben haben wir uns mit den möglichen Katastrophen der Vergangenheit beschäftigt, nun steht die Frage im Raum: Gibt es Sterne, die vielleicht in unser Sonnensystem eindringen oder in naher Zukunft in geringer Entfernung an uns vorbeifliegen? Weil das Universum so leer ist, lässt sich, wenn man weiß, wo sich ein Stern jetzt befindet und man seine Geschwindigkeitsrichtung kennt, gut vorausberechnen, wo er in 100 Jahren sein wird oder –

sagen wir mal – in 1,4 Millionen Jahren. Warum ich hier 1,4 Millionen Jahre schreibe? Das ist natürlich kein Zufall. Es geht um den Zwergstern Gliese 710. Seine Masse beträgt ungefähr 60 Prozent der Sonnenmasse und seine Entfernung ca. 62 Lichtjahre. Auf die Annäherung dieses Sterns wies erstmals der Astrostatistiker Wilhelm Gliese hin. Gliese 710 wird in 1,4 Millionen Jahren am Sonnensystem vorbeifliegen. Seit man diesen Stern kennt, ist die Frage: Wie nahe kommt er in Zukunft unserem Sonnensystem? Früher, also vor Gaia, war man der Meinung, Gliese 710 würde in erheblicher Distanz an uns vorbeiziehen, ca. ein Lichtjahr entfernt, das sind gut 63 000 AU, und würde dabei kaum etwas anrichten. Inzwischen haben wir, dank Gaia, Position und Geschwindigkeit von Gliese 710 viel genauer gemessen. Das Ergebnis ist ernüchternd: Dieser Stern wird in einem Abstand von 13 366 AU, also fünfmal näher als gedacht, an uns vorbeifliegen. Das hat keinen Einfluss auf die inneren 40 AU des Sonnensystems, wir werden also nicht betroffen sein. Doch er wird durch die elliptische Trümmerwüste, die von der Entstehung unseres Sonnensystems noch übrig ist, die sogenannte Oortsche Wolke, fliegen. Von dort werden sich aufgrund der Störung durch Gliese 710 sicherlich eine ganze Reihe von Kometen aufmachen, ins Innere des Sonnensystems zu stürzen. Wer weiß, was dabei herauskommt?

Wir können also heutzutage solche kosmischen Gefahren, die uns möglicherweise drohen, ziemlich genau vorausberechnen, eben weil es im Kosmos keine Reibung gibt. Es stellt sich die Frage: Haben wir nicht doch genauere Indikatoren für größere kosmische Extremereignisse? Supernova-Explosionen hat es in der Milchstraße schon mehrfach gegeben. So sah Kepler 1604 mit bloßem Auge eine Supernova am Himmel. Das war die bislang letzte bekannte Supernova, die in der Milchstraße beobachtet wurde.

Gut 30 Jahre zuvor, 1572, beobachtete Tycho Brahe die Entstehung eines neuen Sterns. Das war zwar für die Erde kein Unfall, allerdings für das Weltbild des ausgehenden Mittelalters und der beginnenden Neuzeit ein starker Impuls. Das damalige theologische Weltbild war nämlich mit dem philosophischen Weltbild des Aristoteles so eng verquickt, dass eine Störung in dem einen Bild eine Instabilität des anderen Bilds bedeutete. Nach Aristoteles bewegten sich die Dinge am Himmel auf fixen, ganz festen Schalen. Da konnte nichts mehr dazukommen. Die Planeten hatten ihre Schalen, der Mond die seine, und irgendwo waren auch die Sterne auf ihren festen Glasschalen unterwegs. Und seit Thomas von Aquin dieses aristotelische Modell mit der Theologie der Bibel zum Weltbild der christlichen Philosophie verknüpft hatte, waren Jerusalem und Athen eng miteinander verwoben. Die philosophische Hauptmethode des Mittelalters, die Scholastik, machte es sich zur Aufgabe, Vernunft und Glaube eng miteinander zu verbinden. Und dann das: Tycho Brahes neuer Stern, eine Nova! Das bedeutete eine Herausforderung für die Anhänger des alten Weltbildes. Und es markierte zugleich den Beginn der Auflösung der Verbindung von Theologie und einem Weltbild, das nicht auf empirischen Grundlagen beruhte, sondern auf philosophischen Gedanken. Letztlich wirkten sich die beiden Ereignisse von 1572 und 1604 katastrophal auf die Deutungshoheit der katholischen Kirche aus.

Beide Objekte, das von 1572 und das von 1604, waren explodierende Sterne, also Endprodukte der Sternentwicklung. Danach passierte in unserer Milchstraße über 400 Jahre nichts mehr dergleichen, seitdem kam es also zu keiner Supernova mehr … 1987 wurde zwar wieder mit bloßem Auge eine Supernova entdeckt, aber sie explodierte in der großen Magellanschen Wolke, einer Begleitergalaxie der Milchstraße, in immerhin 160 000 Lichtjahren Entfernung. Allerdings stand dieses Ereignis damals voll im Blickpunkt der Astronomen. Schließlich betreiben wir jetzt ja richtig Astronomie mit allen Strahlungsarten des elektromagnetischen Spektrums, mit Satelliten im All und mit großen Teilchendetektoren unter der Erde. Lichtkurve und Entwicklung der Supernova 1987 A, so hieß sie von nun an, wurden aufs Genaueste mit allem verfolgt, was die Astrophysik instrumentell aufzubieten hatte. Wichtige Theorien zum Aufbau solcher großen Sterne mussten in der Folge revidiert werden, vieles allerdings wurde auch bestätigt, so zum Beispiel, dass vor einer Supernova Neutrinos zu beobachten sein müssten. Und auch die Aufheizung des Sternüberrestes durch den radioaktiven Zerfall von Nickel über Kobalt zu Eisen konnte direkt nachgewiesen werden.

Wie viele Supernovae in der Vergangenheit in der Nähe unseres Sonnensystems explodiert sind, kann man heute anhand von sehr empfindlichen massenspektroskopischen Analysen zur Häufigkeit von bestimmten Isotopen untersuchen. Das ist eine Art galaktischer Archäologie. Insbesondere eine radioaktiv zerfallende Form des Eisenkerns mit 26 Protonen und 34 Neutronen – man spricht von Eisen-60 – ist ein direkter Indikator für den Supernova-Ursprung. Eisen-60 entsteht nämlich nur in Supernova-Explosionen und hat eine Halbwertszeit von 2,6 Millionen Jahren. Nach dieser Zeit ist die Hälfte einer ursprünglich vorhandenen Menge des Isotops zerfallen. Eisen-60 sollte deshalb kaum auf der Erde vorkommen, denn seit der Entstehung der Erde sind 4,5 Milliarden Jahre vergangen. Es sei denn, es ist vor nicht allzu langer Zeit – also in den letzten Jahrmillionen – auf die Erde gerieselt. Und tatsächlich ergaben die Analysen von Sedimentproben aus den Ozeanen, dass in den letzten 13 Millionen Jahren mindestens 16 Supernovae innerhalb von 300 Lichtjahren Entfernung explodiert sind. Sie beeinträchtigen das Leben auf der Erde nicht, dafür waren sie noch weit genug entfernt. Sichtbar waren sie für einige Wochen, so hell wie der Mond am Tageshimmel.

Historisch interessant ist die Supernova vom 4. Juli 1054, die in Europa jedoch nicht schriftlich dokumentiert ist. Offenbar hat sie hier niemand der Rede für wert gehalten. In China wurde sie allerdings als Gasstern dokumentiert, der für einige Wochen am Tageshimmel neben der Sonne sichtbar war. Und auch nordamerikanische Indianer hielten dieses Himmelsereignis in Höhlenzeichnungen fest. Wir Europäer haben diese Supernova im Krebs erst im 20. Jahrhundert durch Dendrochronologie in Baumringen eindeutig bestimmt. Die Astronomen wussten davon schon in den 1930er-Jahren und konnten aufgrund der Expansionsgeschwindigkeiten der explodierten Sternhüllen auf das Datum der Explosion zurückschließen.

Man kann sich nun die Frage stellen, wie weit eine Supernova mindestens entfernt sein muss, damit sie das Leben auf der Erde nicht gefährdet. Die Antwort: 30 Lichtjahre. Die bei der Explosion auftretende Gammastrahlung der Supernova wäre in geringerer Entfernung nämlich auf der Erde intensiv genug, um zumindest alles höhere Leben auszulöschen. Aber offenbar sind solche extremen Ereignisse nicht passiert. Die großen Unfälle sind uns erspart geblieben, es gab auch keine großen Gammablitze, die uns getroffen hätten, die irgendwie dem Leben insgesamt den Garaus gemacht hätten. Das Universum hat uns zunächst die Grundlagen für die Entwicklung von Leben auf unserem Planeten geliefert, hat uns aber dann auch angenehm in Ruhe gelassen. Wir leben in einer galaktischen Nische, in deren Nähe sich keine Sternentstehungsgebiete befinden, in denen unter Umständen so große Sterne entstehen können, die als Supernova explodieren würden. Unser Sonnensystem liegt nicht nur in der bewohnbaren Zone der Milchstraße, sondern auch in einer »beruhigten Zone« des galaktischen Materiekreislaufs. Schön.

11

DAS NETZ DER KRÄFTE IM ALL

Machen wir noch einmal Inventur. Was für Kräfte gibt es eigentlich in der Natur? Im Grunde ist das eine ganz alte Geschichte. Es ist der Beginn der griechischen Philosophie, der rationalen Suche nach dem Ewigen, nach dem, was sich mit der Zeit nicht verändert. Vor rund 2600 Jahren fing die Suche nach den Elementen an. Um es gleich vorwegzunehmen: Die griechischen Naturphilosophen hielten Feuer, Wasser, Luft und Erde für die Urbausteine der Welt. Thales von Milet, mit dem die europäische Philosophiegeschichte beginnt, hielt Wasser für den Urgrund alles Seienden. Er lebte in Milet an der kleinasiatischen Küste und war Monist, das heißt, für ihn war die Welt ein Ganzes, und deshalb, so Thales, musste es ein Element geben, das in der ganzen Welt vorhanden war. Ein solches Element gibt es auch, das ist Wasser, und es liegt in verschiedenen Zuständen vor: als festes Eis, als flüssiges Wasser und als gasförmiger Wasserdampf. Für Thales war Wasser so wichtig, weil es als das immer Gleiche in verschiedenen Formen auftreten kann. Diese Vielfalt der Formen ist aber eben auch eine ganz entscheidende Eigenschaft unserer Welt. Einer von Thales' Nachfolgern hielt die Luft für elementar, weil Wasser aus der Luft kommt. Ein Dritter lieferte Argumente dafür, dass die Erde mindestens ebenso wichtig sei. Und ein Vierter, ein sehr berühmter Philosoph, Heraklit, erläuterte ausführlich, dass das wichtigste Element dieser Welt, das einzig Beständige in dieser Welt, das Unbeständige sei, das sich und alles andere immer wieder aufs Neue verwandelt. Er nannte es »Feuer« und fasste seine Gedanken im berühmten Zitat *Panta rhei* (»Alles fließt«) zusammen.

Der Streit der ersten Physiker – *physikoi*, so nannten sich diese Philosophen – brachte vier Elemente hervor, Wasser, Feuer, Luft und Erde. Jedes von ihnen wurde jeweils als der ewige Urgrund interpretiert, aus dem heraus sich alles andere entwickeln kann. Aber es stellte sich dann das logische Problem des Ursprungs dieser Elemente. Woher kamen sie? Die Antwort gaben die Atomisten, sie entwickelten die Idee des unteilbaren Elementarteilchens, des *atomos*. Ihre wichtigsten Vertreter, Leukipp und Demokrit, fassten dann die Suche der griechischen Naturphilosophie nach dem Ewigen folgendermaßen zusammen: Es gibt die Atome und das Nichts. Allerdings waren sie nicht ganz zufrieden damit. Denn die Verbindung von Atomen wurde laut den damaligen Denkern durch zwei weitere Prinzipien zustande gebracht, nämlich durch die Liebe, wenn sich die Atome miteinander verbanden, oder durch den Hass, wenn sie sich nicht verbanden. Da vermischten sich Naturwissenschaft und Mythos.

Schlussendlich führte die Suche nach den unveränderlichen Bausteinen der Materie im 18. und 19. Jahrhundert, also über zwei Jahrtausende später, zur Entdeckung der chemischen Elemente. Mit verbesserter Technologie gelang im 20. Jahrhundert der Nachweis von positiven und negativen Teilchen in den Atomen, genauer gesagt: der positiv geladenen Atomkerne und der diese umschwirrenden negativ geladenen Elektronen. Und damit das alles zusammenhält, was ja offensichtlich der Fall ist, muss es etwas geben, das zwischen den Teilchen wirkt – deswegen heißt es Wirkung.

Bereits im 17. Jahrhundert vermutete Isaac Newton, dass eine Kraft zwischen den Objekten der Welt wirken müsse. Er fasste die Erkenntnisse Johannes Keplers und Galileo Galileis in seinem berühmten Gravitationsgesetz zusammen und konnte so die Phänomene der Himmelsmechanik überzeugend erklären. Seit Newton wissen wir, warum Planeten um Sterne und Monde um Planeten kreisen. Doch Newton machte sich bereits in seinem berühmten Werk über mathematische Prinzipien in der Naturphilosophie Gedanken darüber, dass seine von ihm vorgeschlagene Gravitationskraft immer nur anziehende Wirkung habe. Dann müssten sich aber alle Dinge und Objekte ständig gegenseitig anziehen und schließlich zu einem Objekt zusammenfallen. Nach Newton müsste es deshalb noch ganz andere Kräfte geben, die die Welt vor diesem Zusammenfallen bewahren. Jahrhunderte später sollte man wieder auf dieses Problem stoßen, und zwar in der Kosmologie, der Physik des ganzen Universums. Da wird es um die Ursache dafür gehen, dass der ganze Kosmos nicht wieder in sich zusammenfällt.

Die Fragen nach den elementaren, unveränderlichen Kräften, die in der Welt herrschen, sind also für die Physik sehr wichtig, und sie stehen gleich am Anfang der physikalischen Weltbeschreibung. Bemerkenswert ist, dass bereits die erste Kraft, die Gravitation, uns auf ein Problem hinweist, das bis heute nicht gelöst ist. Denn ausgerechnet die Schwerkraft ist die rätselhafteste, wenn nicht sogar geheimnisvollste unter den Kräften. Hoffen wir, dass sie nur rätselhaft ist, denn Rätsel kann man lösen.

Die Gravitation, die Mutter aller Kräfte, hat mit ihrer immerwährenden Massenanziehung im Universum dazu geführt, dass Strukturen überhaupt entstanden. Das große Problem der Kosmologie besteht nämlich darin, zu erklären, wie es in einer sich ausbreitenden, also expandierenden Raumzeit überhaupt dazu kommen kann, dass sich Materie unter der Wirkung der eigenen Gravitation, also ihrer Schwerkraft, zusammenfindet. Es gibt ja offensichtlich Planeten, Sterne, Galaxien und Galaxienhaufen. Doch wenn das Universum zu schnell expandiert wäre, dann wäre es ja nie zur Entstehung von Objekten gekommen, denn der Raum hätte sich so schnell ausgebreitet, dass jede Dichteschwankung gleich wieder ausgelöscht worden wäre.

Andererseits: Wenn das Universum zu langsam expandierte, hätte die eigene Gravitation alles zu einem Objekt zusammengezogen. Dass aber die genau richtige Balance in unserem Kosmos herrschte und noch immer herrscht, ist schon eine ganz besondere Eigenschaft des Universums, gerade im Hinblick auf die sehr geringe Stärke der Gravitation. Sie ist nämlich die bei Weitem schwächste aller Kräfte. Im Vergleich zu einer anderen Kraft, die wir alle gut kennen, nämlich der elektromagnetischen Kraft, ist die Gravitation nachgerade aberwitzig schwach. Sie ist eine Trillion mal eine Trillion mal schwächer als die Kraft zwischen zwei elektromagnetischen Ladungen. Das entspricht einem Faktor von einer 1 mit 36 Nullen! Gravitation wird erst ab einer bestimmten Masse richtig spürbar. Vorher existiert ihre immerwährende Anziehung zwar auch, aber sie kann spielend leicht überwunden werden. Wir bleiben auf der Erdoberfläche, weil die Erde so schwer ist. Würden wir uns zum Beispiel auf einem Asteroiden befinden, der vielleicht kaum größer ist als ein Fußballfeld, könnten wir schon durch bloßes Hüpfen das Schwerefeld des Asteroiden verlassen. Würden wir dort einen Ball hochwerfen, wäre er ein für alle Mal weg. Je nachdem, wie schnell wir ihn werfen könnten, bliebe er in einer Umlaufbahn oder verschwände für immer im Kosmos.

Die Gravitation ist also wirklich äußerst schwach. Und ebendas liefert übrigens auch die Antwort auf eine interessante Frage: Ab wann ist ein Himmelskörper eigentlich rund? Es gibt ja Objekte im All, die sehen überhaupt nicht aus wie eine Kugel. Der Komet Tschurjumow-Gerassimenko etwa ist ein leicht unförmiges Ding aus Felsen, zusammengebacken zu einer Art Entenform. Oder Ultima Thule: Der besteht aus zwei Scheiben, die senkrecht aneinanderhängen. Kleinplaneten wie Vesta oder Ceres hingegen sind schon ziemlich kugelförmig. Offenbar hat die Form auch etwas mit der Masse der Objekte zu tun. Die Gravitationsenergie des Objektes muss in der Lage sein, andere Energieformen, die in der Materie stecken, zu übertrumpfen. Die Materie erhält durch die Bindungsenergie zwischen den Atomen und Molekülen ihre Form, und erst ab einer gewissen Masse ist die Schwerkraft stärker und formt alles zu einer Kugel. Man könnte ganz grob sagen: Im Fall von Vesta, deren Masse deutlich geringer ist als die des Mondes, formt die Schwerkraft die Kugel. Wie aber macht sie das? Der Druck, den die Materie auf sich selbst ausüben kann, wächst mit ihrer Masse, deshalb kann man von einem Gravitationsdruck sprechen. Unter der Kraft der eigenen Masse erhitzt sich das Material und beginnt sich zu verformen, bis die Form der Kugel annähernd erreicht ist.

Gravitation ist dafür zuständig, dass sich im Universum Dinge formen, dass sich Strukturen bilden und erhalten. Gravitation ist die Bedingung dafür, dass es überhaupt große Objekte wie Sterne und Planeten, aber auch Galaxien geben kann. Doch wirklich wirksam ist sie nur bei großen Objekten. Bei kleinen oder sogar sehr kleinen und damit sehr leichten Objekten ist die Gravitation hingegen nicht die dominante Kraft. Bei winzig kleinen Teilchen innerhalb eines Atoms ist es die elektromagnetische Kraft, die die Stabilität der Materie garantiert. Im 19. Jahrhundert wurde die zwischen elektrischen Ladungen wirkende Kraft ausführlich erforscht. Die elektromagnetischen Wellen wurden entdeckt, und man konstruierte auf dieser Grundlage den Dynamo, den Elektromotor und viele andere heute nicht mehr aus unserem Leben wegzudenkende Maschinen und Technologien. Grundsätzlich fand man auch heraus, dass gleichnamige Ladungen sich abstoßen und ungleichnamige Ladungen sich anziehen.

Gerade diese Erkenntnis sollte die Physik in eine tiefe Krise stürzen. Als man nämlich feststellte, dass das Elektron negativ geladen ist und der Atomkern mindestens in Teilen positiv geladen sein muss, stellte sich sogleich die Frage: Wieso stürzt das Elektron eigentlich nicht in den Atomkern? Denn offenbar wird es ja vom elektromagnetischen Feld des schwereren Atomkerns angezogen. Mit anderen Worten: Das leichte Elektron wird beschleunigt. Ein sehr wichtiges Ergebnis der Physik der Elektrodynamik war: Beschleunigte Ladungen strahlen elektromagnetische Energie ab. Das Elektron müsste also strahlen, würde dabei seine Energie verlieren und dann in wenigen Milliardstel Sekunden im Kern verschwinden. Der wäre dann elektrisch neutral. Eigentlich, so die Schlussfolgerung, dürfte es gar keine Atome geben, und wenn, dann nur solche aus elektrisch neutralen Teilchen.

Die Physik konnte also im ausgehenden 19. Jahrhundert noch nicht einmal ansatzweise erklären, warum es überhaupt Materie gibt. Und es wurde sogar noch schlimmer: Als man experimentell eindeutig feststellte, dass es Atomkerne gibt, in denen mehrere positive Ladungen stecken, stellte sich die Frage, warum diese Ladungen den Kern nicht explosionsartig auseinanderdrücken – vor allem angesichts der winzigen Größe eines Atomkerns. Zum Vergleich, um welche Größenordnungen es geht: Wenn ein Wasserstoffatom so groß ist wie ein Bundesligastadion und das eine Elektron auf der äußersten Tribüne herumschwirrt, dann ist das eine Proton im Atomkern so groß wie ein Reiskorn im Mittelpunkt des Anstoßkreises.

Atomkerne sind alle ungefähr gleich groß. Nehmen wir uns nun ein Element mit mehreren positiven Ladungsträgern im Kern vor. Bei Helium gibt es zwei, bei Lithium drei positive Ladungen usw. Wie kann das sein? Denn zwei positive Ladungen sind zwei gleiche Ladungen, also zwei gleichnamige Ladungen. Und die müssten sich eigentlich abstoßen. Die Existenz stabiler Atomkerne setzt also die Existenz und damit die Wirkung einer weiteren Kraft im Universum voraus. Gravitation und Elektromagnetismus reichen demzufolge nicht aus, um die Eigenschaften der Materie zu erklären – vielmehr ergab sich daraus eine katastrophale Erkenntniskrise der Physik. Diese dritte Kraft muss stärker sein als die elektromagnetische Abstoßung gleichnamiger Ladungen, und sie darf nur in einem ganz winzigen Raumbereich, dem des Atomkerns, wirksam sein. Das ist aber nur ein Billiardstel Meter, außerhalb davon dürfte diese Kraft nicht wirken. Das war eine echte Herausforderung, denn diese neue Kraft musste so ganz anders sein als die altbekannten.

Gravitation und Elektromagnetismus sind beides makroskopische Kräfte, die in unserer Welt überragende und zugleich eben anschauliche Bedeutung haben. Ab 1921 musste die Physik eine ganz andere Kraft erfinden, die nur innerhalb des Atomkerns wirksam ist: die starke Kernkraft. Erst ab Mitte der 1930er-Jahre gab es zum ersten Mal ein richtiges Modell hierfür. Die starke Kernkraft, die 100-mal stärker ist als die elektromagnetische Kraft, sorgt dafür, dass die Atomkerne zusammenhalten.

Ungefähr zur gleichen Zeit, um 1934, musste die Physik noch eine weitere Kraft erfinden. Ende des 19. Jahrhunderts hatte man entdeckt, dass Atomkerne unter Aussendung von Teilchen oder elektromagnetischer Strahlung radioaktiv zerfallen. Bei diesem Beta-Zerfall geschieht es, dass sich Neutronen in Protonen verwandeln, und damit entsteht ein neues Element. Protonen und Neutronen sind bekanntlich die Bausteine der Atomkerne. Die Verwandlung ineinander legt schon den Schluss nahe, dass diese Teilchen ihrerseits wiederum nicht elementar sind. Sie müssen demnach aus anderen, elementareren Bausteinen bestehen. In den 1930er-Jahren suchte man in der Physik nach zwei verschiedenen Kräften, die mit unterschiedlicher Stärke einerseits für den Zusammenhalt aller Atomkerne sorgen und andererseits für den Zerfall von bestimmten Atomkernen verantwortlich sind. Und vor allem sollten beide Kräfte nur in Atomkernen wirksam sein. Nach intensiven Untersuchungen stellte man fest, dass diese zweite Kraft deutlich schwächer sein musste als die starke Kernkraft, die die Kerne zusammenhält. Man postulierte die schwache Kernkraft, die dafür sorgt, dass sich Teile der Kernbausteine, die Nukleonen, ineinander verwandeln können.

Gegen Mitte des 20. Jahrhunderts bildete sich das Grundgerüst der Physik der Materie mit vier Grundkräften heraus. Diese Kräfte waren grundlegend für die Entstehung der Elemente im frühen Kosmos und in den Sternen sowie für die Entstehung von Strukturen wie Planeten, Sternen und Galaxien. Etwa 20 Jahre später gelang einer der ganz großen und vielversprechendsten Triumphe der theoretischen Physik: Zwei dieser vier Kräfte, die völlig unterschiedliche Eigenschaften haben, wurden zu einer Kraft vereinigt. Dabei handelte es sich um die schwache Kernkraft oder schwache Wechselwirkung, die nur innerhalb von Kernbausteinen, den Nukleonen, in einer räumlichen Ausdehnung von nur etwa einem Trillionstel Meter von den Teilchen gespürt wird, und die elektromagnetische Kraft mit unendlicher Reichweite. Während die schwache Wechselwirkung von sehr schweren Kraftvermittlungsteilchen, den sogenannten W- und Z-Bosonen mit 90-facher Protonenmasse, übertragen wird, haben die Bosonen der elektromagnetischen Wechselwirkung, die Photonen, die Ruhemasse null. Das ist der Grund für die verschiedenen Reichweiten. Oberhalb einer Temperatur von einer Billiarde Kelvin sind die beiden Kräfte nicht mehr zu unterscheiden, so eine der wichtigen Vorhersagen des theoretischen Modells der elektroschwachen Wechselwirkung. Weitere Vorhersagen dieses Modells wurden in großen Beschleunigern eindeutig nachgewiesen. Heute gehört dieses Modell zum Standardmodell der Teilchenphysik.

Doch zurück zu den 1930er-Jahren. Damals fand man bei der Untersuchung der Struktur der Materie heraus, weshalb sich Atome zu Molekülen verbinden. Es wurde eine Eigenschaft von Teilchen entdeckt, die im klassischen Weltbild der Physik überhaupt nicht vorhanden ist, nämlich der Spin. Er wird anschaulich als Drall bezeichnet, als Eigendrehimpuls, den ein Teilchen besitzt. Im klassischen Bild gilt, dass der Eigendrehimpuls beliebige Werte annehmen und relativ zur Rotationsachse beliebig ausgerichtet sein kann. In der Quantenmechanik hingegen, in den Quantentheorien, gibt es nur quantisierte Größen. Der Spin darf entweder nur nach oben oder nur nach unten gerichtet sein, dazwischen ist nichts erlaubt. So lautete zumindest die theoretische Forderung. Demnach können sich nur solche Elektronen in der Hülle eines Atoms mit Elektronen eines anderen Atoms zu einer gemeinsamen Bindungswolke verbinden, deren Spin unterschiedlich ist. Wenn sich zum Beispiel zwei Wasserstoffatome begegnen und beide Elektronen einen nach oben gerichteten Spin haben, können sie sich nicht zu einem Wasserstoffmolekül verbinden. Dies ist nur ein Beispiel für eine Reihe von Verbotsregeln, wie sie für alle quantenmechanischen Theorien typisch sind. Alle diese Verbotsregeln fanden in Experimenten eindeutige Bestätigung.

Die quantisierte Definition der Materie stimmt also. Sie liefert uns eine außerordentlich vollständige Beschreibung der unterschiedlichsten Phänomene der Welt der Moleküle, Atome, Atomkerne und entsprechenden Elementarteilchen: der Quarks, die die Protonen und Neutronen aufbauen, der Leptonen wie Elektronen und Neutrinos. Und darüber hinaus haben die Theorien noch weitere Teilchen vorhergesagt, die alle gefunden wurden.

So sind wir nach rund einem Jahrhundert intensiver Erforschung der Struktur der Materie an folgendem Punkt angekommen: Es gibt drei fundamentale Wechselwirkungen: nämlich Gravitation, elektroschwache Wechselwirkung und starke Kernkraft oder starke Wechselwirkung.

Das Zauberwort der zukünftigen Forschung im Bereich der theoretischen Physik ist »Einheit«. Da lockt die sehr alte philosophische Vorstellung von dem »Einen«, dem Ewigen, aus dem alles hervorgegangen ist. Alle Grundkräfte zu *einer* fundamentalen Grundkraft zusammenzubringen ist das eine, andererseits hat uns die Erforschung der Materie die vielfältigen Ursachen geliefert für die verschiedenen Strukturen und Zustände, die Materie einnehmen kann. Die Konsequenzen sind nicht nur erkenntnistheoretischer Natur, sondern sie haben auch ganz praktische und bedeutende Folgen für unseren Alltag. Denn wirklich fast alles, was wir heute um uns herum an künstlichen Dingen, hochmoderner Technologie und Energieformen vorfinden, verändern und letztlich dauernd nutzen, beruht auf der grundlegenden Erkenntnis: Die Welt besteht aus Atomen. Demokrit und Leukipp haben damit vor über 2300 Jahren eine fundamentale Erkenntnis vorweggenommen, die wir in zahllosen Experimenten im 19. und 20. Jahrhundert immer exakter nachgewiesen haben.

Wir kennen die Eigenschaften dieser Atome so gut, dass wir künstliche Materialien erzeugen können, die exakt die besonderen Eigenschaften haben, die wir haben wollen. Wir sind in der Lage, Moleküle passgenau zusammenzubauen, die es in der Natur so gar nicht gibt, ihnen zum Beispiel Eigenschaften zu verleihen, die ihre elektrische Leitfähigkeit betreffen. Wir schaffen es tatsächlich, Dinge so zu verändern und zu kreieren, dass ein sehr hoher elektrischer Strom durch ein Material fließen kann, ohne dass es dabei irgendwelche Verluste, also einen Widerstand, gibt. Das Stichwort heißt Supraleitung. Wir können Kunststoffe erzeugen, die in einer besonderen Form in der Lage sind, uns vor spezifischer elektromagnetischer Strahlung zu schützen. Wir können künstliche Flüssigkeiten herstellen, die besonders reibungsfrei sind. Wir können Oberflächen so manipulieren, dass sie das Sonnenlicht besonders intensiv aufnehmen und daraus elektrische Energie ableiten können. Ohne die Kenntnis dieser Grundkräfte und der sich daraus ergebenden Funktionsvielfalt gäbe es keine Computer, keine Digitalkameras etc. Und bevor ich es vergesse: Gerade auch die nichtmateriellen Erscheinungen, die elektromagnetischen Wellen mit ihrem geradezu unabsehbar großen Anwendungsbereich in Kommunikation, Bildgebung, Laser, Informationstechnik, gäbe es dann nicht. Diese Aufzählung ließe sich beliebig fortsetzen.

Na schön, werden Sie vielleicht denken, die Technik ist ja schon da, wir haben von der Natur die Gesetze gelernt und eben etwas daraus gemacht. Das ist so unsere Art, unsere Menschenart. Aber was hat das Universum damit zu tun? Die Antwort fällt sehr detailliert aus. Alle Kräfte, die wir in und an Materie entdeckt haben, sind bereits seit Beginn des Kosmos vorhanden. Sie sind wie die Dimensionen Raum und Zeit mit dem Beginn des Universums entstanden und dann für immer so geblieben. Wir behaupten das nicht nur einfach so in den mathematischen Modellen, unseren Theorien, sondern wir haben sehr überzeugende Indizien dafür, dass das auch stimmt.

Wir können die Wirkungsweise im Universum beobachten. Ein einfaches Beispiel: Wir können heute an der Zusammensetzung des intergalaktischen Mediums, also des Gases, das nicht von Sternen in seiner ursprünglichen Zusammensetzung verändert worden ist, genau erkennen, was in den ersten Minuten des Universums passiert sein muss. Die Materie zwischen den Galaxienhaufen, weit weg von jeglicher stellaren »Verschmutzung« durch Sternexplosionen oder Sternwinde, besteht zu 75 Prozent aus Wasserstoff und zu 25 Prozent aus Helium. Dieses Verhältnis der beiden leichtesten Elemente im Periodensystem muss ganz am Anfang, lange bevor ein Stern mit Kernfusionsprozessen schwerere Elemente erbrütete, bereits erzeugt worden sein.

Es zeigt sich, dass das Universum in seinen ersten drei Minuten ein kosmischer Kernreaktor war. Unsere Modelle von den Kernreaktionen liefern eine vollständige Erklärung für die Entstehung der beiden leichten Elemente, inklusive der Verteilung ihrer verschiedenen Isotope. Alle diese Prozesse haben eine bestimmte Art von Physik zur Grundlage, nämlich Theorien, welche die Energie-aufnahme und Abgabe sowohl von Teilchen als auch von Kraftfeldern als quantenmechanische Prozesse beschreiben. Nicht nur Atome geben ihre Energie in Energiepaketen ab oder nehmen Energie auf, sondern auch ausgedehnte Felder, die die Teilchen miteinander in Wechselwirkung treten lassen, tun das immer in quantisierter Form. Und weil Felder in der Physik nur mithilfe der Relativitätstheorien zu erklären sind, spricht man von relativistischer Quantenmechanik oder oft auch von Quantenfeldtheorien. Diese erklären nicht nur die Ergebnisse unserer Laborexperimente in Kernreaktoren und Beschleunigeranlagen, sondern eben auch die Eigenschaften und Zustände zu Beginn des Kosmos, als die Temperaturen so hoch waren, dass solche Kern- und Teilchenreaktionen geschehen konnten.

Wir haben heute die ganz große Brücke geschlagen und der Annahme, die Natur sei ein Ganzes, eine stabile Grundlage gegeben. Es gibt sie, die Verbindung des Allerkleinsten mit dem Allergrößten. Wenn wir heute Reaktionen von Elementarteilchen untersuchen oder erforschen, wie sich Atomkerne verändern, wie ihre radioaktiven Zerfallsketten verlaufen, wie die einzelnen Wechselwirkungen der einzelnen Nukleonen beschaffen sind, ja sogar die ganz, ganz schwachen Wechselwirkungen von Teilchen, die jetzt zum Beispiel in einer Sekunde zu Hunderten Milliarden durch meinen Daumennagel fliegen, nämlich die Neutrinos – dann wissen wir, dass alle diese Wechselwirkungen sich im frühen Kosmos genauso abgespielt haben wie heute. Bei jedem der Experimente, die wir mit den großen Beschleunigern dieser Welt machen, schauen wir auf diese Weise auch auf der zeitlichen Schiene zurück und untersuchen und vermessen damit die Bedingungen, die im Universum ganz kurz nach seiner Entstehung geherrscht haben.

Wie gesagt: Der Kosmos war zunächst ein einziger Kernreaktor, in dem die leichten Elemente, Wasserstoff und Helium, entstanden sind, aus denen sich später alle Sterne und Galaxien entwickelten. Aber nicht nur diese wohlbekannten Elemente sind aus der Frühphase des Universums hervorgegangen, sondern auch eine Form von Materie, die ganz wesentlich dazu beigetragen hat, dass es überhaupt zur Entstehung von Galaxien kommen konnte. Dabei handelt es sich um eine bis heute nicht bekannte Art von Teilchen, die keinerlei Wechselwirkung mit elektromagnetischer Strahlung zeigt und deswegen »Dunkle Materie« genannt wird. In den großen Beschleunigeranlagen dieser Welt hat man gerade damit angefangen, nach diesen Teilchen zu suchen. Das Universum kennt diese Teilchen schon lange. Das ist jedoch ein Thema für ein späteres Kapitel. Jetzt, nachdem wir die Kräfte alle kennengelernt haben, kümmern wir uns zunächst um etwas noch Grundlegenderes: Raum und Zeit.

12

DER RAUM DES GANZEN

Raum, also Platz, ist bekanntlich in der kleinsten Hütte. Wir wissen ziemlich genau, was Raum ist. Raum ist Volumen, ist Höhe mal Länge mal Breite. Oder, wie ich gerne in Vorträgen sage: Höhe, Länge und Breite mal Publikum gibt Atmosphäre. Raum ist eigentlich das geringste Problem, das wir haben. Platz ist irgendwie immer da, selbst, wenn es zu eng wird. Gerade da draußen im Universum ist unglaublich viel Platz. Da ist so viel Raum, dass man gar nicht weiß, wo man sich befindet.

Die Orientierung im Raum, im Weltraum, ist gar nicht so einfach. Wenn man da ausgesetzt würde zwischen zwei Galaxienhaufen, hätte man echt ein Orientierungsproblem. Wo bin ich denn jetzt hingeraten? Hier unten auf der Erde hingegen sind wir wohlpositioniert, wir wissen, wo wir sind. Wir haben unsere vier Windrichtungen, unsere drei Dimensionen, und dann schauen wir nach oben und sehen am Himmel Sternkonstellationen, nach denen wir uns orientieren können. Hat man die verschiedenen Sternbilder kennengelernt und weiß, wann sie wo erscheinen, ist alles gut. Hier bin ich Mensch, hier darf ich sein. Da draußen im All ist es überhaupt nicht so einfach. Mich würde interessieren, wie sich eine intergalaktische Sternenflotte, falls die sich irgendwo zwischen den Galaxien aufhält, da eigentlich orientieren kann. Wie sieht das entsprechende Koordinatensystem aus? Das ist bei uns auf der Erde ganz eindeutig: Drei Koordinaten stehen senkrecht zueinander. So wird der Raum aufgespannt, daran scheint nichts Magisches zu sein.

Ich kann mich zweimal an denselben Punkt stellen, das ist überhaupt kein Problem und für uns alle völlig normal. Der Raum ist offensichtlich immer der gleiche, da ändert sich nichts. Die Dinge im Raum mögen ihre Verhältnisse zueinander ändern, können neben- oder übereinander stehen, aber der Raum ist immer verfügbar. Der Raum vergeht nicht (Zeit hingegen schon – doch darüber sprechen wir später, im wahrsten Sinne des Wortes). Die Raumdimensionen sind offenbar nicht fragwürdig – doch nur auf den ersten Blick. Denn hinterfragt man den Begriff der Dimensionen, taucht zum Beispiel folgende interessante Spekulation auf: Könnte es auch ein Universum mit mehr als drei Raumdimensionen geben?

Mein Freund und Kollege Josef Gaßner und ich sind dieser Frage nachgegangen. Wir haben das Projekt »Die Dimensionen des Lebens« genannt. Es ging darum, herauszufinden, unter welchen Bedingungen sich in einem Kosmos überhaupt Leben entwickeln kann. Gäbe es Lebewesen auch in einem Universum mit mehr oder weniger Raumdimensionen? Man hat bewiesen, dass man nur mit drei Dimensionen genau richtigliegt. Voraussetzung für jede Form von Leben sind vor allem zwei grundlegende Erscheinungen: Man braucht stabile Materie für Lebewesen, und Leben kann sich nur auf Planeten entwickeln, die auf stabilen Bahnen ihren Stern umkreisen. Gravitation und elektromagnetische Kraft sind dafür Grundvoraussetzungen. Deren Kräfte sind umgekehrt proportional zum Quadrat der Entfernung der Massen bzw. Ladungen. Man spricht von $1/R^2$-Gesetzen. Die 2 im Exponenten, so zeigen wir, entspricht der Anzahl der Raumdimensionen minus 1. 3 minus 1 ist 2. Und nur für drei Raumdimensionen existieren stabile Planetenbahnen und stabile Atome! Die Anzahl der Dimensionen muss deshalb seit dem Beginn des Universums festgelegt sein. Denn die Stabilität der Strukturen im Universum, sowohl der gravitativen als auch der elektromagnetischen, also der Sterne und Galaxien genauso wie die der Atome, ist die Voraussetzung für die Entstehung von allem im Kosmos.

Der Raum mit seinen Dimensionen entstand gleich am Anfang des Universums. Das Universum ist eine Raumquelle, deswegen breitet es sich immer weiter und weiter aus. Was folgt daraus, wenn das Volumen sich vergrößert? Nun, für eine anfänglich sehr heiße, sehr homogene, sehr dichte Form von Energie hat das vor allen Dingen die Konsequenz, dass diese Energie mehr Platz zur Verfügung hat und sie ihre Temperatur verändert. Mit zunehmender Vergrößerung des Raumes sinkt die Temperatur des Universums. Und das hat Folgen. Man könnte sich nämlich fragen: In welchen Phasen des Kosmos ist seine Gesamttemperatur niedrig genug, dass ein Lebewesen sie aushält? Für uns Menschen wäre ein Kosmos mit mehr als 42 °C Strahlungstemperatur tödlich, unsere Eiweißmoleküle würden sich auflösen. Wenn also das Universum diese Temperatur nach wie vor hätte, könnte es keine komplexeren Lebewesen geben, denn die Temperatur des Universums wäre ja überall gleich hoch – es gäbe keinen kühleren Ort. Also muss das ganze Universum mindestens unter diese Temperatur abgekühlt sein, damit es überhaupt für mich als Lebewesen möglich ist, zu existieren, egal in welcher Form.

Doch die Konsequenzen reichen noch weiter. Ein Universum mit Lebewesen muss auch deshalb riesengroß sein, weil alle Elemente, aus denen Lebewesen bestehen, zunächst einmal erbrütet werden müssen. Außerdem müssen diese Stoffe ans Universum zurückgegeben werden. Damit aber bei Sternexplosionen die abgestoßenen Gashüllen auch in der Nähe verbleiben, bedarf es eines viel weiter ausgedehnten Gravitationsfeldes als das des Sterns. Dafür ist die Milchstraße da, ihre Gravitation sorgt dafür, dass die in dem explodierten Stern erzeugten schweren Elemente nicht in den intergalaktischen Raum entweichen, sondern wie ein Elementregen sich immer wieder im interstellaren Material niederschlagen. Wie eine galaktische Fontäne, die immer wieder auf die Milchstraße herunterfällt. So reichern sich die neuen Gaswolken mit schweren Elementen an, und deshalb können immer mehr Sterne Gas-Staub-Scheiben entwickeln, in denen sich dann Felsenplaneten bilden können. Das dauert Milliarden von Jahren. Deshalb ist es auch kein Wunder, dass unser Universum da draußen so leer und so kalt und so groß ist. Es ist nämlich so leer und so kalt und so groß, weil wir da sind. Oder, andersherum gesagt: Wir sind da, weil das Universum so leer und so kalt und so groß ist. Das ist geradezu die Voraussetzung dafür, dass wir sein können. Nur in einem Universum, das hinreichend kalt – und deswegen groß – ist, können sich Galaxien wie die Milchstraße bilden. In ihnen werden genügend schwere Elemente erbrütet, damit sich überhaupt Planeten bilden können, auf denen wiederum Wasser und Lebewesen entstehen können. Erst dann kann es zu den Kreisläufen auf einem Planeten kommen, die dann in Hunderten von Millionen Jahren zu einer Transformation von Materie führen, die wir Leben nennen.

Innerhalb der Galaxien muss eine große Transformation erfolgen, damit aus Wasserstoff und Helium in den Sternen schwere Elemente entstehen. Außerdem müssen auch die »richtigen« Sterne entstehen. Denn wenn wir der kosmische Durchschnitt sind, muss ein Stern schon lange stabil strahlen, damit sich auf Planeten Lebewesen entwickeln. Die Lebensdauer eines Sterns sinkt aber mit seiner Masse rapide. Zu große Sterne sterben früher. Es müssen also genügend kleine, sonnenähnliche Sterne da sein, damit es Leben geben kann. Das alles sind Auswahleffekte – so auch die Tatsache, dass der Raum des Universums heute so groß ist, denn sonst gäbe es uns nicht. Früher war es viel zu heiß, und später, in einigen – ich weiß nicht, wie vielen – Jahren, wird die Möglichkeit der Entwicklung von Lebewesen allmählich immer geringer werden, und irgendwann wird der letzte Stern einer Milchstraße ausgebrannt sein. Wer weiß, vielleicht kommt ja dann etwas ganz Neues? Tatsache ist: Der Raum hat diese eine wichtige Rolle, er ist die Arena, in der alles stattfindet.

Doch gibt es auch Kräfte, die den Raum verändern können. Wir wissen heute mit Sicherheit, dass Raum auf die Anwesenheit von Massen reagiert. Und die Massen reagieren auf die Anwesenheit von anderen Massen, das ist die Wirkung der Schwerkraft. So kann man sich zum Beispiel fragen: Könnten wir in einer Welt leben, in der Sterne sehr nah beieinander sind? Das könnten wir natürlich nicht, weil die Gravitation im Raum wirkt. Die Gravitation hängt ja umgekehrt proportional vom Quadrat des Abstandes der Massen ab. Also können sich Planeten nur dann um einen Stern herum auf stabilen Bahnen bewegen, wenn die Abstände zwischen den Sternen so groß sind, dass die gegenseitige Beeinflussung der Sterne durch ihr jeweiliges Gravitationsfeld nicht so stark ist, dass die Planeten davon Nennenswertes spüren. Ein Planetensystem, das sich um einen Stern in einem Doppelsternsystem dreht, ist sehr unwahrscheinlich. Auch dass es Planeten in Mehrfachsystemen gibt, sodass jeder Stern für sich ein eigenes Planetensystem hat und dann noch zugleich von einem anderen Stern in der Nähe umkreist wird, ist schwer vorstellbar.

Science-Fiction-Geschichten von Außerirdischen, die irgendwie immer schlaflos sind, weil es bei ihnen immer taghell ist, können wir meines Erachtens eher ausschließen, weil die gegenseitige Störung des Gravitationsfeldes eine Planetenbildung zwischen den Sternen äußerst schwierig gestalten würde. Die Bahnen der Planeten wären schlicht instabil. Man sieht also auch hier: Der Abstand zwischen den Objekten spielt eine große Rolle, ebenso der Abstand zum Beispiel zu Gebieten, in denen Sterne explodieren beziehungsweise entstehen. Nur große und schwere Sterne explodieren, sie leben nur kurz und verschwinden praktisch sofort wieder an dem Ort, wo sie entstanden sind. In ihrer Nähe sollte ein System mit einem Planeten, auf dem Leben ist, lieber nicht sein. Es gilt also auch hier: Der Abstand von allem, von vielem, vom Gefährlichen spielt eine wichtige Rolle. Das gilt auch für die Sterneninseln, die Galaxien. Warum sind sie so riesig? Weil die Gravitationskraft so schwach und die Materiemenge, die sich da zusammenfindet, so riesengroß ist. Deshalb entstehen Gebilde, deren Abmessungen in Hunderttausenden Lichtjahren gemessen werden müssen. Viele dieser Massegiganten entwickeln sich zu Scheiben, weil Gas und Sterne sich ums Zentrum drehen. In solchen Scheibengalaxien – auch unsere Milchstraße ist eine – treten durch Verdichtungen im Gas Spiralarme auf, in denen die Gasdichte ein klein wenig höher ist als in der Scheibe. Doch das reicht aus, damit sich in einer Umdrehung neue Gaswolken bilden. Und dort entstehen wieder neue Sterne.

Die Größe des Universums ist nicht nur eine Bedingung dafür, überhaupt existieren zu können, sondern zugleich auch der Garant für die Stabilität. Denn die Größe des Universums ist ja umgekehrt proportional zur Dichte: Je größer das Universum ist, desto geringer wird die Teilchendichte. Und die wiederum entscheidet mit darüber, ob ein Planet sich an irgendetwas reibt oder nicht. Und weil das Universum so groß ist, ist es auch so leer, und Planeten können ihre Licht- und Energiequellen, die Sterne, für sehr lange Zeit ungestört umkreisen. Nur deshalb, weil das Universum so und nicht anders ist, können wir hier sein.

Nun zu meinem absoluten Liebling, der Zeit.

13

DIE ZEIT LÄUFT UND LÄUFT

Beim Raum ist alles Quantität. Raum kann verpachtet, verschenkt oder verkauft werden, dafür gibt es Makler. Für Zeit jedoch nicht. Man kann zweimal am exakt selben Ort im Raum stehen, doch zweimal etwas zum selben Zeitpunkt tun kann niemand. Hier spürt man ihn schon, den fundamentalen Unterschied zwischen Raum und Zeit. Bei Immanuel Kant war der Raum die äußere Form der Anschauung, die Zeit die innere Form der Anschauung. Es gibt schon gefühlt einen Unterschied zwischen der Innenperspektive des Menschen und der Perspektive von außen. Ich würde es so ausdrücken: Der Raum ist eine quantitative Dimension, die Zeit eine qualitative. Obwohl … Auch die Zeit kann natürlich gezählt und somit gemessen werden, als Uhrzeit. Und das haben wir ja in der Physik auch immer gemacht.

Zu Beginn der Physik im 17. Jahrhundert war die Zeit vor allen Dingen Uhrzeit. In der Mechanik von Isaac Newton kann man die Zeit immer wieder auf null zurückstellen. Bei Fallexperimenten können wir etwas immer wieder fallen lassen, und wir kennen den Ort und die Geschwindigkeit zur Zeit $t = 0$. Wir können auf schiefen Ebenen immer wieder Kugeln von oben nach unten rollen lassen, und immer wieder stellen wir die Zeit auf $t = 0$. Da spielt die Zeit im Grunde genommen nur die Rolle einer Variablen. Mechanische Experimente sind in diesem Sinne zeitlos, die Zeit ist nicht aktiv beteiligt, es ist egal, wann ich das Experiment mache, das Ergebnis wird immer ähnlich sein. Alle wichtigen Parameter werden auf null gesetzt, und die Zeit fängt wieder von Neuem an zu laufen. Doch etwas ändert sich doch, denn die Menschen, die solche Experimente durchführen, werden älter. Meine Lebenszeit kann ich nicht immer wieder auf null stellen, ich kann nicht immer wieder von vorne anfangen. Zeitschleifen gibt es nur im Film, siehe *Und täglich grüßt das Murmeltier.* Selbst wenn ich dauernd das Gleiche wiederhole, ich werde trotzdem älter. Hier spielt Zeit eine Rolle, und was für eine! Die Zeit bekommt Bedeutung, und zwar für mich. Wie geht die Physik mit meiner Zeit um?

In der klassischen Physik spielt die Zeit also nur die Rolle einer Variablen, einer Laufvariablen: Die Zeit läuft, und zwar immer nach vorne, niemals zurück. Selbst in der Relativitätstheorie geht die Zeit immer nach vorne, nie zurück. Man spricht in der Relativitätstheorie sogar von der vierdimensionalen Raumzeit. Dazu muss man die Zeitvariable mit der maximalen Wirkungstransportgeschwindigkeit, der Lichtgeschwindigkeit, multiplizieren. Zeit mal Geschwindigkeit ergibt eine Länge. Damit wird die Zeit in der Relativitätstheorie quasi »verräumlicht« – als ob die Zeit so einfach mit dem Raum zu verbinden wäre.

Die Zeit hat ganz besondere Eigenschaften, sie tritt beispielsweise in drei Formen auf: Vergangenheit, Gegenwart und Zukunft. Und die unterscheiden sich grundlegend. Solche Formen hat der Raum nicht. Da gibt es keinen Vergangenheitsraum, Raum ist immer Raum. Die Vergangenheit ist das Abgeschlossene. Der Zustand der Vergangenheit ist ein grundlegend anderer als der Zustand der Zukunft. Vergangenheit ist definitiv vorbei, daran kann kein physikalischer Prozess der Welt etwas ändern. Die Zukunft ist der Bereich des »noch nicht«. Sie ist noch nicht passiert, und alle Wirkungen, die in die Zukunft reichen, sind aufgrund der Lichtgeschwindigkeit eingeschränkt. Alles, was uns an Wirkungen erreicht, ist bereits passiert, aber was noch nicht passiert ist, hat noch keine Wirkung auf uns. Die Gegenwart ist der kurze Moment der Wirkung im Jetzt. Die Vergangenheit ist groß, die Zukunft ist groß, und die Gegenwart ist winzig. Aber so wie die Vergangenheit die Voraussetzung für die Gegenwart bildet, so ist die Gegenwart die Voraussetzung für die Zukunft, hier gibt es eine ganz klare Reihenfolge.

Obwohl die Zeit offensichtlich völlig anders aufgebaut zu sein scheint, verwendet man sie in der Physik in einer Form, dass sie mit dem Raum zu einer vierdimensionalen Raumzeit aufgebaut werden kann. Doch die Zeit ist in beiden Relativitätstheorien immer nur Uhrzeit und Messgröße, eine Variable ohne eigene Bedeutung. Jedes Bezugssystem hat seine eigene Zeit, die Eigenzeit, die relativ zu einem anderen Bezugssystem schneller oder langsamer auf der Uhr abläuft. Nur im Vergleich zwischen zwei Bezugssystemen gehen die Uhren anders. Alle jedoch würden älter werden, ganz egal, ob sich die Person in einem Gravitationsfeld befindet oder sie sich schneller bewegt. Niemand wird jünger. Es muss also neben der Zeit der Relativitätstheorien noch eine andere Bedeutung der Zeit geben. Was ist das für eine merkwürdige, hochinteressante Dimension, diese Zeit?

Es gibt einen interessanten Zugang zur Bedeutung von Zeit, der ganz anders funktioniert, als einfach den jeweiligen Verlauf eines physikalischen Prozesses zu beobachten. Es geht darum, ob es einen historischen, nicht wiederholbaren Ablauf im Universum gibt. Betrachten wir einmal ganz kurz die Geschichte des Kosmos. Wenn wir alle Indizien zusammentragen, dann ist unser Blick in den Himmel immer ein Blick in die Vergangenheit. Die Wirkungen und Signale, die uns erreichen, brauchen eine gewisse Zeit, weil alle Informationen, alle Wirkungen sich höchstens mit Lichtgeschwindigkeit ausbreiten können. Das heißt, alles, was wir sehen, was unser Gehirn in seinem Inneren verarbeitet, ist immer schon vorbei. Selbst mein direktes Gegenüber ist bereits Vergangenheit, denn das Licht von der anderen Person bis zu mir braucht Zeit. Sehen wir die Sonne, ist es die Sonne von vor acht Minuten. Es gibt manche Sterne am Himmel, von denen kennen wir viele ihrer Eigenschaften, zum Beispiel ihre Masse, ihre Temperatur und ihre Spektren. Aber ob sie wirklich noch existieren in diesem Augenblick, das weiß ich nicht, das kann ich nicht wissen. Wenn es sich um einen großen, schweren Stern handelt in 6000 Lichtjahren Entfernung, dann ist er womöglich schon explodiert. Doch dass er möglicherweise soeben explodiert ist, diese Botschaft (in Form der damit zusammenhängenden Strahlung) würden wir dann erst in 6000 Jahren erhalten.

Astronomie ist deshalb tatsächlich Ahnenforschung, ist Archäologie, sie blickt tief in der Zeit zurück. Ständig kommen bei uns elektromagnetische Wellen mit Informationen aus ganz verschiedenen Zeiten an. Der Himmel über uns ist ein Zeitpanorama mit ganz unterschiedlichen Vergangenheiten. Und wenn man mit großen Teleskopen ganz tief ins Universum blickt, kann man mit einer einzigen Aufnahme völlig unterschiedliche Zeiten abbilden, was sonst in der Geschichte nie gelingt. Denn bei archäologischen Grabungen liegen die Spuren und Relikte der jüngeren Geschichte im Allgemeinen oben, und je tiefer man gräbt, desto älter werden die Fundstücke. Am Himmel dagegen ist von uns aus alles sichtbar, das Alte und das Junge. Auch der Beginn des Universums ist dort messbar. Und wären wir mit unseren Augen empfindlich für Infrarotstrahlung, würden wir sogar die Reststrahlung des Urknalls sehen, die überall existierende kosmische Hintergrundstrahlung. Überall würden wir ein schwaches Glühen erkennen.

Wenn man zurückrechnet, wird das Universum immer kleiner und wärmer, und deshalb kann man Temperatur-Zeit-Korrelationen finden. Wir können tatsächlich dem Universum eine Zeit zuordnen. Es gibt eine eindeutige Verbindung zwischen der Temperatur des Universums und seinem Alter. Diese Zeitrelation hat nichts mehr mit der Allgemeinen Relativitätstheorie zu tun. Der kosmische Zeitpfeil hängt mit der gesamten Entwicklung des Universums zusammen, damit, dass auch das Universum als Ganzes älter wird, sich verändert und strukturiert hat und während seiner Expansion immer kälter geworden ist. In umgekehrter Perspektive erwarten wir ab einem bestimmten Alter – oder, andersherum gesagt: ab einer bestimmten Nähe zum Beginn –, dass das Universum aufgrund seiner hohen Temperatur noch so stark strahlt, dass wir durch diese Lichtwand nicht mehr durchschauen können. Das Universum ist dann so hell, dass wir von dem, was davor passiert ist, nichts mehr sehen können.

In der Tat können wir diese Phase sehr genau berechnen. Dieser Zusammenhang von Temperatur und Zeit ist der Ausgangspunkt für das Urknallmodell von 1948. Dieses Modell hat die Temperatur des Universums vorhergesagt, und diese Vorhersage ist tatsächlich bestätigt worden. Da das Universum heute nur wenige Kelvin kalt ist, kann man sein Alter auf knapp 14 Milliarden Jahre taxieren. Und nicht nur das, denn parallel zur Ausdehnung des Kosmos kam es zur Bildung von Strukturen. Und da das Universum früher kleiner war, müssen die Objekte früher näher beieinandergelegen haben. Da die Wirkung der Schwerkraft auf Massen umgekehrt proportional ist zum Quadrat ihrer Entfernung, müssen beispielsweise Galaxien in früherer Zeit viel stärker aufeinander eingewirkt haben. Im Urknallszenario müssten dann Galaxien häufiger miteinander verschmolzen sein. Auch diese Vorhersage ist heute vollauf bestätigt. So sind aus kleinen Galaxien allmählich immer größere geworden, zugleich wurden aber auch die Abstände zwischen den neuen Galaxien größer – nicht zwischen allen, aber doch zwischen vielen. Viele Galaxien, die sich in Gruppen bildeten, wurden zu Galaxienhaufen und sogar Galaxiensuperhaufen.

Dabei wurden die Abstände zwischen den großen Galaxiensuperhaufen immer größer.

Wir beobachten heute mit großen, sehr empfindlichen Teleskopen, wie das Universum sich von einer heißen, homogenen und dichten Materie zu einer immer inhomogeneren, strukturierteren Form entwickelt und dabei immer kälter wird. Wir sehen, was im Universum passiert. Und das könnte der richtige Zugang zum Begriff der Zeit sein. Zeit hängt mit Prozessen zusammen, die nicht mehr zurückgedreht werden können, weil sie irreversibel sind.

Der Ausgangspunkt war ein Unterschied, der sich immer weiter ausgebreitet und sich irreversibel strukturiert hat. Der Unterschied, die Differenz, ist der Grund dafür, dass in dieser Welt etwas passiert. Bei absolut gleichen Energien passiert nichts. Nötig sind Unterschiede hinsichtlich der Möglichkeit, Arbeit leisten zu können. Alle Veränderungsprozesse versuchen, diese Unterschiede auszugleichen. Dabei wächst eine Größe an, die einen Ausdruck für die Möglichkeiten darstellt, die von einem System eingenommen werden können. Ein System, das sich ausdehnt, bietet seinen Teilchen mehr Raum und mehr Bewegungsmöglichkeiten. In einer Flüssigkeit gibt es für die Moleküle mehr Bewegungsfreiheit als in einem Kristall oder in Schaum – deshalb zerfällt zum Beispiel bei einem frisch gezapften Bier der Schaum zu Flüssigkeit. Diese Größe haben wir schon in einem vorhergehenden Kapitel kennengelernt – sie heißt Entropie. Bestehen viele Möglichkeiten, in denen sich ein System befinden kann, so hat es sein maximales Gleichgewicht erreicht, die Physik spricht dann von einem thermodynamischen Gleichgewicht. Die Beobachtungen vor allem der kosmischen Hintergrundstrahlung zeigen, dass das Universum von diesem thermodynamischen Gleichgewicht gar nicht so weit entfernt ist. Der deutlichste Hinweis dafür ist das Spektrum der Hintergrundstrahlung, ein Spektrum, das nur von der Temperatur abhängt, ganz unabhängig vom Material und den Teilchen, die strahlen. Ein solches Spektrum nennt man in der Physik Schwarzkörperspektrum, und es beschreibt ein Objekt, das alle einfallende Strahlung absorbiert und nur seiner Temperatur gemäße charakteristische Strahlung wieder abstrahlt, unabhängig von der Art der einfallenden Strahlung. Nur Körper im perfekten thermodynamischen Gleichgewicht können solche Strahlungsspektren erzeugen.

Wäre das Universum im perfekten thermodynamischen Gleichgewicht, würde es keine Objekte in ihm geben. Es muss also Abweichungen von dieser Perfektion geben. Und wirklich, es gibt sie: Seit 1992 haben mehrere Satelliten mit immer größerer Genauigkeit die Schwankungen in der kosmischen Hintergrundstrahlung nachgewiesen, also Abweichungen, Fluktuationen von 1 : 100 000. Diese winzigen Abweichungen sind der Grund für die Strukturbildungsmechanismen im Kosmos. Sie waren sozusagen die Kondensationskeime für die ersten materiell abgegrenzten Körper, also die ersten Gaswolken, aus denen Galaxien und Sterne entstanden sind. Die Schwankungen in der Intensität der Hintergrundstrahlung entsprechen nämlich Schwankungen in der Dichte und der Temperatur des strahlenden Gases. Und dort, wo die Dichte etwas höher war, war auch die Schwerkraftwirkung etwas stärker. Dort versammelte sich mehr Materie, die Schwerkraft wurde noch stärker und so weiter.

Zeit als kosmisches Phänomen ist ein Zeichen dafür, dass eben noch etwas möglich ist in diesem Universum. Dass sich weitere Strukturen entwickeln können, und das, obwohl die andauernde Expansion des Universums ja eher ausgleichende Wirkung auf Dichteunterschiede hat. Wäre das Universum etwas schneller in seiner Expansion gewesen, dann wäre seine Entropie heute perfekt am Maximum. Denn Entropie im thermodynamischen Gleichgewicht würde sich nicht mehr erhöhen. Im thermodynamischen Gleichgewicht passiert immer dasselbe und sonst nichts. Im thermodynamischen Gleichgewicht sind keine Unterschiede festzustellen. Und ohne Unterschiede kommt es zu keiner Entropieänderung. Und ohne Entropieänderung gibt es keine Strukturbildung. Ein solches Universum wäre für immer, wäre die unveränderliche Ewigkeit. Doch in unserem Universum wird es, solange es Unterschiede und Veränderungen gibt, auch die Zeit geben. Der Kosmos hat einen Zeitpfeil mit einer eindeutigen Richtung.

Und was ist mit unserer Zeit, können wir die mit der kosmischen Zeitentwicklung verbinden? Das können wir, denn auch das Universum wird älter. Warum interessiert uns denn die Zeit? Weil wir wissen, dass unsere Zeit abläuft. Jeder Tag mehr bedeutet, dass ein Tag weniger zu leben bleibt. Wir sind als Lebewesen keine ewigen Wesen. Auch für uns ist die Entropie sehr bedeutsam. Als Teil der Natur erhöhen alle Prozesse in uns unsere Entropie. Im Prinzip geht das weiter, bis wir im Gleichgewicht mit der Entropie der Umgebung sind. Wir sind allerdings nicht im Gleichgewicht mit der Lufttemperatur, unsere Dichte ist höher, und unsere Moleküle sind sehr kompliziert und strukturiert.

Das thermodynamische Geheimnis des Lebens liegt darin, dass wir Entropie-Exporteure sind. Wir können unsere Struktur, unsere Lebensstruktur, überhaupt nur aufrechterhalten gegen den allgemeinen Drang zum thermodynamischen Gleichgewicht, weil wir Entropie aus unserem Körper herausbringen können. Man muss unterscheiden zwischen der inneren und der äußeren Entropie. Wir erhöhen die Entropie im Außenraum, um unsere eigene Entropie so niedrig wie möglich zu halten, um unsere Struktur zu erhalten. Und warum können wir das? Weil wir in einem kosmischen Energiestrom stehen. Der liefert uns die Möglichkeiten, niederentropische Nahrung entweder zu züchten oder sie aus der Natur zu nehmen und davon zu leben.

Der wirkliche Grund für unser Hiersein ist ein Kernfusionsreaktor in 150 Millionen Kilometern Entfernung, der mit seinem Energiestrom dafür sorgt, dass die Erde, bildlich gesprochen, in einem Energiedauerregen steht. Einen großen Teil der Sonnenenergie strahlt die Erde wieder ans sehr kalte Universum zurück. Doch das, was hier bleibt, erwärmt die Erde auf eine mittlere Temperatur von 15 °C. Außerdem wird die Sonnenenergie von Pflanzen und Bakterien in eine andere Energieform verwandelt, die wir als Nahrung nutzen. Wir sind alle Kinder der Sonne, ohne ihre Strahlung wäre hier nur ein Felsbrocken, dessen innere Wärme auskühlt, bis er so kalt wäre wie der Kosmos. Das sind die großen Zusammenhänge. Wiederum wird deutlich, wie eng kosmische Umstände und unsere Existenz zusammenhängen.

Und wir? Was machen wir mit unserer Zeit? Wir im Westen haben tatsächlich angefangen, Technologien in unser alltägliches Leben zu integrieren, deren Grundlagen an den Grenzen der erkennbaren Wirklichkeit zu finden sind. Die digitalen Kommunikationsmethoden der Automatisierung stellen eine Technologie dar, die auf der Grundlage der Quantenmechanik Materialien verwendet, deren Signalverarbeitung elektromagnetischer Wellen sich mit Lichtgeschwindigkeit vollzieht. Die aber ist die maximale Wirkungstransportgeschwindigkeit im Universum, also die absolute Grenze im Kosmos. Geschwindigkeit ist Weg pro Zeit. Damit wird eine Grenze der messbaren Realität unmittelbar genutzt. Zugleich werden für die Verwendung technologischer Strukturen materielle Neuschöpfungen entwickelt, deren Eigenschaften deshalb erzeugt werden können, weil wir genau wissen, wie Materie aufgebaut ist. Weil wir wissen, wie die Materie mit elektromagnetischer Strahlung wechselwirkt, können wir künstliche Stoffe zusammenbauen, die sich exakt so verhalten, wie wir das wollen. Und diese genaue Kenntnis der Wechselwirkung hängt direkt mit dem fundamentalen Ergebnis quantenmechanischer Experimente zusammen: nämlich dass es keine kleinere Einheit als das Plancksche Wirkungsquantum gibt. Wirkung beschreibt das Produkt von Energie mal Zeit und stellt die Menge an Energie dar, die übertragen werden kann. Diese Einheit ist eine absolute Grenze der messbaren Realität, und sie findet sich wieder in elektronischen Geräten aller Art, wie wir sie im Alltag andauernd verwenden. Ein schönes Beispiel übrigens dafür, wie physikalische Grundlagenforschung etwa in der Quantenmechanik in unseren Alltag »übersetzt« wird und in elektronischer Form den technologischen Fortschritt antreibt. Die damit zusammenhängende Automatisierung und die Verwendung von elektronischen Geräten führen uns in Geschwindigkeitsräume, für die wir Menschen mit unseren Geschwindigkeitsmöglichkeiten gar keine Formen der Anschauung und vor allem keinerlei Erfahrungen haben.

Wir nutzen Technologie, die extrem schnell und extrem effizient ist. Die hohe Geschwindigkeit der digitalen Signalverarbeitung führt zu einer extremen Kompression unserer Tätigkeiten – wobei wir nur noch passiv reagieren können, uns zusehends verzetteln und unter drastischer Zeitnot leiden. Vielen fehlt schlicht die Zeit, weil die effizienten digitalen Zeitersparnismaschinen, so werden sie ja angepriesen, uns unter einen hohen Handlungsdruck setzen, den wir nur unter Mühen noch schaffen. Die Effizienz der Computer, die Schnelligkeit der Signalverarbeitung, fordert von uns eine ähnlich hohe Reaktionsgeschwindigkeit, die wir aber aus ganz einfachen Gründen niemals werden erreichen können. Zwar sind wir als biologische Lebewesen fähig zu logischen Schlüssen, aber nicht zu technologischen Verhaltensweisen.

Wir haben unsere eigenen Zeiten. In uns gibt es natürliche Zeiten, Takte, Rhythmen, periodisch immer wiederkehrende Zeiteinheiten, die aber, weil sie natürlich sind, viel langsamer und vor allem viel weniger exakt sind als die Takte von Maschinen. Auch unsere mechanischen Möglichkeiten liegen weit unter dem, was wir in technischen Strukturen leisten können. Und dann kommt es eben zu einem Phänomen, das physikalisch völlig unmöglich ist: Wir komprimieren die Zeit.

Wir leben heute in einer Zeit, in der immer mehr Technologie und immer mehr Druck unsere Zeit komprimieren, verdichten, immer mehr Handlungen in immer kleineren Zeiteinheiten zusammenpressen. Wofür wir früher noch Stunden gebraucht haben, dauert heute wenige Minuten. Für die Literaturrecherchen für meine Doktorarbeit habe ich vor einigen Jahrzehnten Monate gebraucht – heute würde ich das dank Computer in wenigen Minuten machen, denn sofort wäre alles da. Dieses »sofort alles da« ist vielleicht das besondere Kennzeichen der heutigen Zeit. Wir vergegenwärtigen alle Zeiten, und zwar unmittelbar, sofort.

Während es im Universum gar keine Gleichzeitigkeit geben kann, soll bei uns alles gleichzeitig sein. Und wir machen auch alles gleichzeitig. Wir holen uralten Kohlenstoff aus der Erde heraus und verwandeln ihn in Wärme, Elektrizität und viele andere Dinge. Wir machen also gewissermaßen ein uraltes »Jurassic Park«-Experiment mit 300 Millionen Jahre altem Kohlenstoff, der ohne unser Zutun niemals an die Oberfläche gekommen wäre. Wir holen diese uralte Vergangenheit mitten in unsere Gegenwart. Zugleich aber erwarten wir als ökonomisch handelnde Lebewesen den »return on invest« so nah wie möglich an unserer Gegenwart, das heißt, wir machen auch die Zukunft zur Gegenwart. Und in dieser Gegenwart herrschen Lichtgeschwindigkeit nach oben und das Plancksche Wirkungsquantum nach unten. Es gibt keine höheren Geschwindigkeiten, die eine Wirkung erzielen können, und das Prinzip der kleinsten übertragbaren Energiemenge, die überhaupt möglich ist, steckt in unserer modernen Alltagstechnologie. Was für Zeiten, was für Sitten.

Der Kosmos ist das Netz von Raum und Zeit und der Objekte, die sich in ihm bewegen und verwandeln. Im Raum und in der Zeit vollziehen die Körper, aufgebaut aus Elementarteilchen und in Wechselwirkung mit der Umgebung und sich selbst, ihre Veränderungen. Kräfte und Wirkungen zwischen den Körpern und

Feldern sind der Grund für die kontinuierliche Bildung und Zerstörung materiell-energetischer Strukturen im ganzen Universum. Woraus die sich verwandelnden Strukturen im Kosmos bestehen, das nennen wir Materie. Davon gibt es eine ganze Menge, und sogar sehr merkwürdige.

14

DIE HELLE UND DIE DUNKLE SEITE
DER MATERIE

In Raum und Zeit existieren Körper, die aus Teilchen bestehen. Sie verändern ihre Positionen, spüren Kräfte, verändern sich, gehen durch die Aufnahme und Abgabe von Energie in verschiedene Zustände über und wechseln dabei ihre Eigenschaften. Es ist das zentrale Geschäft der Physik, die Bewegungsgesetze der Materie zu erforschen, unter anderem auch der Materie, aus der wir Lebewesen bestehen. Denn auch wir sind ein Teil der materiellen Komponenten des Kosmos, wenn auch ein sehr besonderer Teil.

Die Suche nach den Bausteinen der Materie ist eine sehr alte Geschichte. Sie hat vor rund 2500 Jahren begonnen, am Anfang der griechischen Philosophie. Damit begründet sich die moderne Physik in den Ursprüngen der abendländischen Geistesgeschichte als Versuch, mythische bzw. religiöse Weltbilder durch eine rationale, also der menschlichen Vernunft zugängliche Welt- und Naturbeschreibung zu ersetzen. »Vom Mythos zum Logos« heißt der Slogan der antiken Philosophie, während im Mittelalter die Verbindung von Glaube und Vernunft Thema der christlichen Philosophie war. Als geistige Gegenbewegung entstand zu Beginn der Neuzeit vor rund 400 Jahren die Methode der empirischen Forschung. Der neue Ansatz bestand darin, Experimente durchzuführen und zu beweisende Phänomene immer wieder zu reproduzieren.

Kurz gesagt: Will man die Materie verstehen, muss man sie empirisch untersuchen, muss man sie im Experiment unter die Lupe nehmen. Das Experiment ist der finale Gerichtshof in den empirischen Wissenschaften. Jede empirische Hypothese muss an der Erfahrung scheitern können, und Erfahrung in den empirischen Wissenschaften besteht grundsätzlich aus einer Messung. Die Messung ist das Ergebnis des Experiments, eines konstruierten Arrangements, bei dem unter kontrollierten Anfangs- und Randbedingungen ein bestimmter natürlicher Vorgang reproduziert werden soll. Eine Messung kann auch das Ergebnis der Beobachtung eines natürlichen Phänomens sein. Immer geht es darum, dass etwas gemessen wird. Es muss also etwas quantifiziert werden können. Eine empirische Hypothese muss in diesem Sinne eine quantitative Prognose liefern, sie muss in der Lage sein, eine Vorhersage zu machen, die dann quantitativ überprüft werden kann.

So hat sich die Erforschung der Materie, der Struktur der Materie, in den letzten zwei Jahrhunderten allmählich zu dem entwickelt, was ich als das originäre Geschäft des Physikers bezeichnet habe. Woraus besteht die Welt eigentlich? Die Physik macht seit über 100 Jahren eine Inventur davon, aus welchen Teilchen sich die Welt zusammensetzt. Und das ist das, was wir mit Materie bezeichnen. Die normale Materie, also das Material, aus dem alles um uns herum besteht, haben wir inzwischen ausführlich und ziemlich präzise untersucht. Wir haben herausgefunden, dass diese Form von Materie aus nicht mehr teilbaren, elementaren Teilchen aufgebaut ist, Quarks und Leptonen. Nach nur hundert Jahren Forschung kennen wir sehr genau die Welt der normalen Materie, ihre Bausteine, was da ist, und auch, was überhaupt werden kann. Zusammen mit den drei grundlegenden Wechselwirkungen hat die Forschung das Standardmodell der Teilchenphysik entwickelt.

Das Standardmodell beschreibt den Bauplan der normalen Materie, von der wir vor allen Dingen die Protonen und Neutronen kennen, die Teilchen, die die Atomkerne aufbauen und die von Elektronen umgeben sind. Die Elektronen sind tatsächliche Elementarteilchen, die Protonen und Neutronen bestehen aus Up- und Down-Quarks, deren Ruhemasse jedoch so gering ist, dass man feststellen kann: Die Kernbausteine bestehen fast nur aus der Energie, die in der Verbindung der Elementarteilchen steckt, also der Bindungsenergie.

Die normale Materie ist das Material, aus dem die Sterne, Galaxien, aber auch das Material zwischen den Galaxien, das intergalaktische Gas, und das Gas zwischen den Sternen, das interstellare Gas, bestehen. Normalerweise untersucht man in der Astronomie diese Materie, denn sie produziert und verschluckt den gesamten Bereich der elektromagnetischen Strahlung. Von der Radiostrahlung, den langen und großen Wellenlängen, bis hin zur Gammastrahlung, den kurzen Wellenlängen, von den hohen Frequenzen bis zu den niedrigen Frequenzen wechselwirkt das gesamte Panoptikum der elektromagnetischen Strahlung mit der normalen Materie. Das heißt, die Teilchen geben Strahlung ab oder nehmen die Strahlung wieder auf.

Die Astronomie hätte damit auch gut leben können, wenn sich nicht gerade bei der leuchtenden Materie, das heißt bei der normalen Materie im Universum, Phänomene zeigen würden, die bereits in den 1930er-Jahren nachgewiesen wurden. Damals hatte die Astronomie mehrere revolutionäre Entdeckungen zu verdauen: Erstens wurde 1923 geklärt, dass die Milchstraße nur eine von vielen Milliarden Galaxien ist, zweitens erkannte man damals, dass die weit entfernten Galaxien sich von uns umso schneller entfernen, je größer ihre Entfernung ist. Letztere Entdeckung führte zum Modell des expandierenden Universums. Beide Erkenntnisse waren epochale Entdeckungen und veränderten die Astronomie völlig. Bis 1923 war der größte Teil der Astronomen fest davon überzeugt, dass alle nebelartigen Objekte am Himmel zur Milchstraße gehören. Erst dank der Beobachtungen von Edwin Hubble, der nachwies, dass es im Andromedanebel eigene Sterne einer besonderen Form gibt, wurde entdeckt, dass Andromeda über 2,5 Millionen Lichtjahre von der Milchstraße entfernt ist. Und damit machte Hubble schlagartig das Universum größer.

Nun begannen Astronomen, das neue große Universum nach Strukturen zu durchmustern. Einer von ihnen, Fritz Zwicky, beobachtete Galaxienhaufen. Er sammelte mit seinem Teleskop das Licht der Sterne in den Galaxien und machte dabei die etwas merkwürdige Beobachtung, dass offenbar viel mehr Materie zwischen den Galaxien existieren müsse, als er direkt nachweisen konnte. Aus dem gesammelten Licht konnte er nämlich die Geschwindigkeiten der Galaxien im Haufen bestimmen. Und die bewegen sich laut seiner Analysen mit ein paar Tausend Kilometern pro Sekunde. Damit sich der Haufen an Galaxien aber nicht auflöst, bedurfte es einer viel höheren Schwerkraftwirkung, als sich aus dem aufgesammelten Licht, selbst großzügig gerechnet, ergab. Mit anderen Worten: Die Tatsache, dass die Galaxienhaufen als Haufen überhaupt existieren können, ist nur dann zu verstehen, wenn es viel mehr unsichtbare Masse gibt als die leuchtende. Zwicky kam in seinen Berechnungen auf ein Verhältnis von schwerer Masse zu leuchtender Materie von 1000 zu 1. Da sei also eine Art dunkler Materie vorhanden. Das muss erst einmal nicht beunruhigend sein, denn es kann ja Objekte geben, die so kalt sind, dass man sie einfach nicht beobachten kann – zumindest vor 80 Jahren noch nicht sehen konnte. Materie strahlt nämlich immer aufgrund ihrer Temperatur – selbst wenn kein Anregungsmechanismus wirksam ist. In den 1930er-Jahren hatte man durchaus Vorstellungen darüber, was das für ein Zeug sein könnte: vielleicht Gas oder ausgebrannte alte Sterne, alte Planeten oder irgendetwas, das einfach nicht mehr strahlt. Sosehr man sich auch bemühte, man fand keine Materie – konnte ihre Schwerkraftwirkung auf die leuchtende Materie aber immer genauer nachweisen.

Das Problem der Dunklen Materie, so war damals die Einschätzung in der Astronomie, wird sich irgendwie schon erledigen. Das war durchaus verständlich, denn neue Theorien zur Entstehung des Kosmos, die Ende der 1940er-Jahre entwickelt wurden, boten eine Perspektive, die Teilchenphysik und Kosmologie miteinander verband. Und die Hoffnung war natürlich, dass man die Teilchen der Dunklen Materie schon entdecken würde, und zwar hier auf der Erde in den großen Teilchenbeschleunigern. Das 1948 veröffentlichte Urknallmodell bot in diesem Zusammenhang völlig neue Möglichkeiten, und die ersten Berechnungen der möglichen Zustände des ganz frühen Kosmos konnten nachvollziehbar mit der Physik der Atomkerne verknüpft werden. 1948 stand die Kernphysik in voller Blüte, und die Astronomen sprachen von einem expandierenden Kosmos. Einige Kernphysiker haben damals geschlussfolgert, dass das Universum dann einmal so groß gewesen sein muss wie ein Atomkern. Man wandte einfach das, was man in der Kernphysik gelernt hatte, auf das gesamte Universum als wissenschaftliches Untersuchungsobjekt an.

Die Autoren des Urknallmodells nahmen an, das in den ersten drei Minuten seit Anbeginn im ganzen Universum die gleichen Bedingungen geherrscht haben wie in einem Atomkern. Alle Energien würden dann den Energien von Kernbausteinen entsprechen, mit einer Temperatur von ca. 10 Milliarden Kelvin, hohen Teilchendichten, Teilchengeschwindigkeiten, Reaktionsraten. In einem solchen Kosmos müssten sich deshalb notwendigerweise die Reaktionen abgespielt haben, die Atomkerne aufbauen, aber auch teilweise wieder zerfallen lassen. Das Universum muss in dieser Zeit ein Kernreaktor gewesen sein, in dem sich ausschließlich Kernreaktionen abgespielt haben. Besonders wichtig an diesem ersten physikalischen Modell der Anfangszeit des Universums waren seine konkreten Vorhersagen, was die Zusammensetzung der Atomkerne betrifft. Aus ihren Berechnungen schlossen die Physiker Alpher und Gamow, dass sich die Gase im Universum ursprünglich zu 75 Prozent aus dem Element Wasserstoff und zu 25 Prozent aus dem Element Helium zusammengesetzt haben müssen. Dabei kommt es darauf an, wie schnell Neutronen zerfallen, wie schnell sie mit Protonen zu einem Kern verschmelzen und wie diese sogenannten Deuteronen schließlich zu einem Heliumkern fusionieren. Alles hängt dann nur davon ab, wie heiß der Kernreaktor des Universums ist. Denn man darf nicht vergessen: Während sich diese Kernreaktionen abspielen, expandiert das Universum, seine Temperatur und Dichte sinken ständig, sodass es nur für eine gewisse Zeitspanne die Bedingungen gibt, die für eine Kernsynthese günstig sind. Zuvor ist es so heiß, dass die Kerne sofort wieder von der Strahlung zerschlagen werden, und danach ist das Universum zu kalt für Kernprozesse.

Anders ausgedrückt: Die Energie der Strahlung des ganzen Universums entscheidet über das Verhältnis von Wasserstoff zu Helium. Je mehr energiereiche Photonen es gibt, desto weniger Deuteronen sind vorhanden, denn die würden durch die Strahlung zerschlagen. Und je weniger Deuteronen existieren, desto weniger Helium entsteht. Das Verhältnis der beiden leichten Elemente spiegelt also auch das Verhältnis von Strahlung zu Materie wider. Die Strahlung durchsetzt den gesamten Kosmos völlig gleichmäßig, deshalb heißt sie Hintergrundstrahlung. Je genauer ihre Intensität bekannt ist, desto genauer lässt sich die gesamte Zahl aller Teilchen bestimmen, die im Universum mit elektromagnetischer Strahlung wechselwirken können.

Sollte dieses Modell richtig sein, kann man aus der Zusammensetzung der noch nicht von stellarer Fusion veränderten Elemente im intergalaktischen Gas auf die gesamte Masse der leuchtenden Materie im Universum schließen. Das Resultat war überraschend:

Die aus der Elementsynthese im frühen Kosmos abgeleitete maximale Masse an leuchtender Materie im gesamten Universum konnte viele eindeutig nachgewiesene Phänomene im Weltraum nicht erklären. Alle Beobachtungen der Bewegungsmuster von Sternen und Gas in Galaxien und Galaxienhaufen setzen als Ursache und damit Erklärung eine etwa sechsmal höhere Masse an dunkler, nicht elektromagnetisch wechselwirkender Materie voraus, zusätzlich zur sichtbaren Materie.

Diese kosmologisch begründete Fundamentalaussage über die verschiedenen Formen von Materie wird durch eine ganze Reihe von voneinander völlig unabhängigen Beobachtungen unterstützt. So drehen sich etwa die Scheibengalaxien zu schnell. Ihre Rotationskurven zeigen, dass Masse wirkt, die weder selbst strahlt noch Strahlung absorbiert. Galaxien sind Sterneninseln mit einem bestimmten Gasanteil. Man würde deshalb erwarten, dass außerhalb der sichtbaren Scheibe auch die Masse der Galaxie allmählich reduziert wird. Deshalb sollte auch die Rotationsgeschwindigkeit von Gaswolken um das Zentrum dieser Galaxie allmählich sinken, so ähnlich wie in unserem Sonnensystem, wo die dominante Gravitationsquelle die Sonne ist. Um sie herum bewegen sich, quasi als Testteilchen, die Planeten. Die Geschwindigkeit, mit der sich die Planeten um die Sonne bewegen, kann leicht berechnet werden, nämlich aus dem Gleichgewicht von Bewegungsenergie und Energie des Schwerkraftfeldes. Daraus ergibt sich eine von der Entfernung zur Sonne abhängige Rotationsgeschwindigkeit, die umgekehrt proportional mit der Wurzel des Abstandes von der Sonne abnimmt. Diesen Effekt, der für die Bewegung der Planeten um die Sonne bestätigt ist, nennt man nach seinem Entdecker Johannes Kepler Keplersche Rotation. Auch bei einer Galaxis würde man erwarten, dass Gaswolken in großer Entfernung von der sichtbaren Scheibe einer Galaxis mit Kepler-Rotation kreisen.

Dass man die Rotation von Galaxien sehr genau beobachten

kann, hängt mit einer interessanten Anwendung der Quantenmechanik auf kosmische Gase zusammen. Dabei geht es um die
Entdeckung, dass alle Elementarteilchen eine Eigenschaft besitzen, die dem Eigendrehimpuls entspricht und die als »Spin« bezeichnet wird. Der Spin tritt allerdings nicht in beliebiger Form
auf, sondern ist entweder nach oben oder nach unten ausgerichtet. In einem Wasserstoffatom mit einem Proton und einem Elektron können die Spins der beiden Teilchen parallel oder antiparal-
lel stehen. Die parallele Stellung entspricht einer etwas höheren
Energie als die antiparallele. Durch das Umspringen von paralleler
zu antiparalleler Stellung des Spins geht ein Wasserstoffatom in
eine etwas energieärmere und damit stabilere Konfiguration über.
Dabei wird eine winzig kleine Menge an Energie in Form einer
Linienstrahlung frei, deren Frequenz bei 1,42 Gigahertz bzw. bei
einer Wellenlänge von 21 Zentimetern liegt. Dieser Vorgang ist allerdings eher unwahrscheinlich, eben weil der Energieunterschied
so gering ist. Da aber Wasserstoff das häufigste Element im Universum ist, ist die 21-Zentimeter-Radiolinie trotz ihrer sehr geringen
Übergangswahrscheinlichkeit eines der wichtigsten Instrumente
für die Beobachtung von Bewegungen. Bewegte Strahlungsquellen lassen sich nämlich daran erkennen, ob eindeutig identifizierte
Absorptions- oder Emissionslinien nicht bei der Frequenz auftreten, in der das strahlende Gas als Ganzes ruht. Bereits im 19. Jahrhundert hat Christian Doppler diesen Effekt an Schallwellen entdeckt. Bewegt sich eine Schallquelle auf uns zu, wird der Ton
höher, bewegt sich die Quelle von uns weg, wird der Ton tiefer.
Für elektromagnetische Wellen heißt dies: Sich entfernende Quellen weisen eine Verschiebung der Linien zu größeren Wellenlängen
auf, also hin zum roten Licht. Man spricht dann von einer Rotverschiebung. Strahlungsquellen, die sich auf uns zubewegen, zeigen
hingegen eine Verschiebung zu kleineren Wellenlängen, sind also
ins Blaue hin verschoben. Je schärfer eine Linie ist, desto deut-

licher lassen sich Rot- beziehungsweise Blauverschiebungen nachweisen.

Die 21-Zentimeter-Linie des Wasserstoffs ist wegen ihrer deutlichen Schärfe besonders gut geeignet, die Bewegungsmuster von leuchtenden Objekten im Universum nachzuweisen. Denn eine beobachtete Frequenzverschiebung dieser sehr scharfen Linie ermöglicht eine eindeutige Interpretation als Dopplereffekt. Liegt die 21-Zentimeter-Linie bei größeren Wellenlängen, also niedrigeren Frequenzen, so entfernt sich das Wasserstoffgas vom Beobachter, im umgekehrten Fall kommt es auf den Beobachter zu. Da diese 21-Zentimeter-Radiowellen das gesamte Universum durchdringen können, kann man mit ihrer Hilfe die Rotation einer Galaxie auch dort messen, wo zwar keine Sterne mehr existieren, aber immer noch Wasserstoffgaswolken. Solche Beobachtungen liefern die Rotationskurve einer Galaxie, und dabei zeigt sich, dass weit weg von der sichtbaren Galaxie offenbar ihre Schwerkraft immer noch so stark wirksam ist, dass dort die Rotationsgeschwindigkeit konstant hoch bleibt und nicht mit zunehmender Entfernung abnimmt, wie man es eigentlich erwarten würde. Es ist sogar das Gegenteil der Fall. Die Rotationskurven vieler Scheibengalaxien weisen eine bemerkenswerte Form auf. Bei großen Entfernungen von der sichtbaren Stern- und Gasscheibe fällt die Rotationsgeschwindigkeit der noch gebundenen Gaswolken nicht ab, wie man es erwarten sollte, wenn diese Wolken nur unter der Gravitationskraft der sichtbaren Galaxie stehen würden, sondern die Rotationsgeschwindigkeit bleibt nach außen konstant so hoch wie im sichtbaren Bereich der Galaxie. Offenbar gibt es dort draußen, weit weg von den leuchtenden Bereichen der Galaxie, noch Materie, unter deren Einfluss die alleräußersten Gaswolken sich bewegen.

Am Beispiel unseres Sonnensystems lässt sich diese Diskrepanz gut erklären. Die Sonne ist die dominante Gravitationsquelle, alle Planeten sind an sie gebunden, und ihre Geschwindigkeit für die

Umkreisung der Sonne nimmt mit zunehmender Entfernung von der Sonne ab. Wäre es bei Galaxien auch so, das heißt, wäre die sichtbare Galaxie die einzige Gravitationskraft, dann müssten die Rotationsgeschwindigkeiten bei großen Distanzen ebenfalls abnehmen. Tun sie aber nicht. Die einzig sinnvolle Schlussfolgerung ist deshalb, dass die Galaxien von einer ausgedehnten Materiestruktur umgeben sein müssen. Man spricht in der Astronomie von einem Halo, der aus einer Form von Materie besteht, die dunkel ist. Denn nur Massen können Massen beschleunigen. Aus den Rotationskurven von Scheibengalaxien wie unserer Milchstraße ergibt sich, dass es rund fünf- bis sechsmal so viel Dunkle Materie geben muss wie leuchtende Materie. Wobei man darauf hinweisen muss, dass diese Materie weder selbst strahlt, also dunkel ist, noch irgendwie Strahlung verschluckt. Ihre einzige physikalische Wirkung besteht in ihrer Gravitation, sie beschleunigt die Rotation der sichtbaren, also leuchtenden Materie auf die beobachteten Werte.

Auch bei elliptischen Galaxien, die kaum rotieren, belegen Beobachtungen die Wirkung von nicht leuchtender Materie. Solche Galaxien sind umgeben von sehr heißem Gas, dessen kinetische Energie, abgeleitet aus seiner Röntgenstrahlung, so hoch ist, dass das Gas längst verschwunden sein müsste. Ist es aber nicht. Es sieht alles danach aus, als ob auch hier eine nicht sichtbare Materie das heiße Gas an die elliptischen Galaxien bindet. Gleiches gilt für das Gas und die Bewegungen von Gas und Galaxien in Galaxienhaufen, was ja schon seit Fritz Zwickys Beobachtungen in den 1930er-Jahren bekannt war.

Direkt nachgewiesen wurde diese Dunkle Materie durch einen Effekt, der zu den Kernaussagen der Allgemeinen Relativitätstheorie gehört, nämlich die Krümmung von Lichtwegen durch die Anwesenheit von Materie. Dabei spricht man vom Gravitationslinseneffekt. Seine Wirkung zeigt sich am Himmel durch verbogene Quellenabbildungen von Galaxien und sogar Galaxienhaufen. Aus den verbogenen Bildern lassen sich die Verteilung und die Menge der notwendigen Materie genau berechnen. Die Gravitationslinsen lieferten den finalen Hinweis, dass es fünf- bis sechsmal mehr Dunkle Materie geben muss als leuchtende.

Alle Beobachtungen von Galaxien und Galaxienhaufen, zusammen mit den bestätigten Theorien der Nukleosynthese in den ersten drei Minuten des Universums, laufen auf eine ziemlich eindeutige Schlussfolgerung hinaus: Der Kosmos ist durchsetzt von gravitativ wirksamer, in Strukturen vorliegender Dunkler Materie, die der normalen, leuchtenden Materie »vorschreibt«, wie sie sich bewegen muss.

Bevor wir das Rätsel der Dunklen Materie wenigstens ein ganz klein wenig zu lüften versuchen, sei zunächst ganz grundsätzlich festgestellt: Ohne die Dunkle Materie gäbe es uns überhaupt nicht! Ohne Dunkle Materie gäbe es keine Galaxien. Galaxien sind aber die Heimstatt der Sterne, und sie gewährleisten den Materiekreislauf der Elemente. Große Sterne explodieren, geben die schweren Elemente ab ans interstellare Gas, dort reichern sich die Elemente an, aus denen nicht nur neue Sterne werden, sondern auch Planeten, vor allem Felsenplaneten. Und diese Felsenplaneten sind die Körper, auf denen sich Leben entwickeln kann.

Und warum hätten sich Galaxien nie ohne Dunkle Materie bilden können? Weil das frühe Universum so heiß war, dass jede Verdichtung von Materie, die mit Strahlung wechselwirkte, sofort wieder durch die Strahlung ausgeglichen wurde. Nur weil es Materieformen im frühen Kosmos gegeben hat, konnte sich an verschiedenen Orten Materie überhaupt verdichten. Dort kam es dann später, als das Universum sich so weit abgekühlt hatte, dass die Strahlung sich von der Materie entkoppelte, zur Bildung von Galaxien, weil sich die leuchtende Materie in den Gravitationsfeldern der Dunklen Materie zu den Objekten verdichtete, die wir heute beobachten. Dies wird erkennbar an den Schwankungen, die seit

1992 in der kosmischen Hintergrundstrahlung beobachtet werden. Diese Strahlungsschwankungen hängen wiederum mit Schwankungen in der Gasdichte zusammen, weil am Gas die Hintergrundstrahlung zum allerletzten Mal gestreut wird. Die Dichteschwankungen sind die Kondensationskeime für Galaxien, die allerdings so schwach sind, dass sie bis heute gar nicht zu einer Galaxie hätten anwachsen können. Die leuchtende Materie allein hätte gar nicht genügend Schwerkraftwirkung auf sich ausüben können, damit daraus Galaxien entstehen. Dafür waren Gravitationsfelder erforderlich, die bereits von der Dunklen Materie vorgeformt waren, eben weil die sehr intensive Strahlung des frühen Kosmos diese Materie nicht beeinflusst hat, das heißt, ihre Verdichtungen wurden durch die Strahlung nicht wieder ausgeglichen.

Die normale leuchtende Materie hingegen reagierte so stark auf die intensive Strahlung, dass sie sich zunächst nicht strukturieren konnte. Die Dunkle Materie lieferte quasi Backformen, in welche die normale Materie nur noch »hineinfallen« musste, damit schnell genug Galaxien entstehen konnten. Einzig die Dunkle Materie hat im ganz frühen Kosmos darüber entschieden, dass es überhaupt zur Strukturbildung kommen konnte. Unser Hiersein, unser Sosein ist also von einer Materieform abhängig, von der wir heute wissen, dass es davon fünf- bis sechsmal so viel wie die normale, leuchtende Materie im Universum geben muss. Doch woraus sie besteht, das wissen wir nicht.

Der erste Versuch, diese Frage zu klären, bestand darin, Dunkle Materie mit massebehafteten Teilchen gleichzusetzen, die in verschiedenen Bereichen der Physik schon lange eine wichtige Rolle spielen: die Neutrinos. Sie wurden zunächst als Ausweg für ein ungelöstes Problem der Kernphysik vorhergesagt. In den 1930er-Jahren stellte sich nämlich bei der Untersuchung zerfallender Neutronen heraus, dass in den Zerfallsprodukten Energie fehlte. Wolfgang Pauli schlug deshalb als Ausweg die Existenz eines Teilchens vor, das die fehlende Energie davonträgt, aber kaum in Wechselwirkung mit der Materie tritt. Er nannte es »kleines Neutron« oder Neutrino. Nachgewiesen wurde es erst 20 Jahre später. Seit 1995 konnten Neutrinos, die im Zentrum der Sonne durch Kernfusionsreaktionen entstehen, sogar direkt gemessen werden. Damit ist auch direkt nachgewiesen, dass die Sonne ein Kernfusionsreaktor ist.

Neutrinos wechselwirken nicht mit elektromagnetischer Strahlung. 70 Milliarden Neutrinos gehen pro Sekunde durch unseren Daumen, fast alle kommen von der Sonne. Und sie machen offensichtlich nichts mit uns. Damit sind sie tatsächlich interessante Kandidaten für die Dunkle Materie. Doch Messungen zeigen auch, dass Neutrinos sehr leicht sind. Leichte Teilchen, viel leichter als Elektronen, sind dann aber zu schnell. Man könnte auch sagen, sie sind zu heiß, und zwar zu heiß für die Bildung von kleinen Schwerkraftfeldern, aus denen kleine Galaxien entstehen könnten.

Und da zeigt sich leider das nächste Problem: Es gibt nämlich nicht nur große Galaxien oder gar Galaxienhaufen, deren Schwerkraftpotenziale so groß und so tief sind, dass auch die Geschwindigkeiten der dunklen Materieteilchen beträchtlich sein können. Daneben existieren auch kleine Galaxien, Zwerggalaxien. Ihre Gravitation ist so schwach, dass nur Teilchen der Dunklen Materie sie gebildet haben können, deren Geschwindigkeiten nur wenige Kilometer pro Sekunde betragen. Neutrinos sind also geeignete Kandidaten für ganz große Strukturen wie Galaxienhaufen. Doch bereits für normale Galaxien wie unsere Milchstraße benötigen wir Dunkle Materie, deren charakteristische Masse viel größer sein muss als die winzigen Ruhemassen der Neutrinos. Diese schweren Teilchen der Dunklen Materie sind bis jetzt nur eine theoretische Forderung, sie sind jedoch noch nicht nachgewiesen.

Dunkle Materie kann nicht aus ausgebrannten Sternen, uralten Planeten oder ganz kaltem Gas bestehen. Es kommen auch keine Schwarzen Löcher, Neutronensterne oder irgendwelche anderen massiven, kompakten Objekte infrage, sogenannte *massive compact halo objects*, kurz MACHOS. Denn das wäre alles normal leuchtende Materie, und von der gibt es im ganzen Kosmos einfach nicht genug.

Das ist die große Erzählung der Physik als der Wissenschaft von der ganzen Natur, eben auch des Kosmos als Ganzem: Dunkle Materie in ihrer ganzen Rätselhaftigkeit muss im frühen Universum entstanden sein. Sie gehört zu den essenziellen Voraussetzungen, damit es überhaupt zur Bildung von materiellen Strukturen kommen konnte. Die Antwort auf die Frage nach der Natur der Dunklen Materie verweist auf die enge Verbindung zwischen Teilchenphysik und Kosmologie. In den großen Teilchenbeschleunigern auf der Erde suchen wir heute nach den Teilchenfamilien, die möglicherweise noch existieren, von denen wir aber nicht wirklich wissen, ob es sie gibt. Theorien sprechen von weiteren Teilchenfamilien, die jenseits des Standardmodells vorkommen sollen. Von der Astrophysik werden schwere Teilchen gefordert, die sich mit niedrigen Geschwindigkeiten bewegen, also kalte Dunkle Materie. Man spricht von *weakly interacting massive particles*, WIMPS. Wir brauchen also keine MACHOS, sondern es müssen Teilchen sein, die wir noch nicht kennen, die schwer sind, viel schwerer als Protonen, die sich deutlich unter Lichtgeschwindigkeit bewegen und die einst auch die Entstehung von Zwerggalaxien ermöglichten. Bis heute ist noch nichts Entsprechendes gefunden worden, doch wir suchen weiter nach der Dunklen Materie – einem der wichtigsten Bausteine des Universums.

Unsere Hoffnung, etwas zu finden, speist sich aus der langen, erfolgreichen Geschichte der Anwendung von Kern- und Teilchenphysik auf kosmische Phänomene am Rand der erkennbaren Wirklichkeit. Das Universum bildet bei manchen Zuständen die extremsten Formen der Materie, die wir auf der Erde gar nicht erzeugen könnten. Immer wieder wurden durch Beobachtungen von sehr kompakten Objekten die Theorien zum Aufbau der Materie aufs Überraschendste bestätigt. So gibt es zum Beispiel den Begriff der »entarteten Materie«. Sie war einmal normal, hat sich aber aufgrund der starken Schwerkraft eines Sterns allmählich so verwandelt, dass sie keine normalen Eigenschaften mehr besitzt. Vielleicht sollte man sie »ungewöhnliche Materie« nennen, sie ist nämlich eine Form von Materie, die dadurch entsteht, dass am Ende eines Sternenlebens fast nur noch Gravitation wirkt. Die einzige Kraft, die der Schwerkraft noch etwas entgegenstellt, hat mit den quantenmechanischen Eigenschaften von Materie zu tun.

Beginnen wir von vorne. Sterne sind Kugeln aus sehr viel Gas, zumeist aus Wasserstoff und Helium, etwas schwerere Elemente gehören auch noch dazu. Unter normalen Umständen ist der Druck dieses Gases abhängig von seiner Temperatur und seiner Dichte. Im Stern wird durch Kernfusion Energie frei, die für den entsprechenden Druck sorgt, dem wiederum die eigene Schwerkraft des Sterns entgegenwirkt. Bei der Kernverschmelzung wird in mehreren Schritten Wasserstoff in Helium verwandelt. Abhängig von seiner Masse kann ein Stern auch noch weitere Verschmelzungsprozesse durchlaufen. Nehmen wir als Beispiel unsere Sonne: Sie wird in einigen Milliarden Jahren ihren inneren Wasserstoffvorrat verbraucht und in Helium verwandelt haben. Das Wasserstoffbrennen wird also zu Ende gehen. Danach wird das Zentrum der Sonne unter seiner eigenen Schwerkraft schrumpfen, und es kommt zur Verschmelzung von Helium zu Kohlenstoff und Sauerstoff. Und dann ist für einen Stern von der Masse der Sonne Schluss.

Wieder wird zunächst nur die eigene Schwerkraft wirksam sein und die Teilchen zusammenpressen. Denn es ist ja die Tendenz der Gravitation, materielle Teilchen zusammenzubringen. Sie bringt zusammen, was zusammengehört. Der Abstand zwischen den Teilchen wird immer kleiner. An diesem Punkt kommen die quantenmechanischen Eigenschaften der die Materie aufbauenden Teilchen zum Tragen. Die Quantenmechanik ist eine Theorie voller Ausschlussprinzipien, landläufig kennt man das als »Verbote«.

Ein Prinzip hat Wolfgang Pauli, mein persönliches Idol unter den Physikern, zunächst erfunden und später berechnet. 1925 formulierte er sein Prinzip zur quantentheoretischen Erklärung des Aufbaus der Atome. Für ihn ging es zunächst nur darum, zu erklären, dass je zwei Elektronen in einem Atom nicht in allen Quantenzahlen übereinstimmen können. Eine Verbindung von zwei Atomen geschieht nur mit Elektronen, die sich unterscheiden, entweder in den Quanteneigenschaften der Energie oder des Bahndrehimpulses oder vor allem bei den äußeren Energiezuständen im Spin der Elektronen. Eine gemeinsame Bindungswolke können nur Elektronen bilden, die sich im Spin unterscheiden, eines mit Spinrichtung nach oben, das andere mit Spinrichtung nach unten. Nur dann können sich Teilchen mit halbzahligem Spin so nahe kommen, dass sich zwei Atome zu einem Molekül verbinden. In einem Stern mit versiegter Kernfusion drückt die eigene Schwerkraft nun die Atome und Elektronen immer weiter zusammen, bis sie eine Distanz erreichen, die der Größe einer Bindungswolke zwischen zwei Atomen entspricht. Dann spüren sie einander. Nun kommt das Pauli-Prinzip zur Geltung: Ab einem bestimmten Abstand können nur noch Teilchen nahe beieinander sein, die sich im Spin unterscheiden. Da es nur zwei Spinmöglichkeiten gibt, können sich immer nur zwei Teilchen sehr nahe bleiben. Die quantenmechanischen Eigenschaften bilden damit einen Widerstand. Wenn ein Stern nicht zu schwer ist, kann er diesen Widerstand, den die Materie einer weiteren Kompression mittels dieser quantenmechanischen Effekte entgegenstellt, nicht überwinden. Es bildet sich eine Form von nicht normaler Materie, in der alle Teilchen zusammengepresst sind, und zwar gerade auf den erlaubten

Abstand. Dieser Druck hängt nicht mehr von der Temperatur ab, sondern nur noch von der Dichte.

Die ersten Teilchen, die diese quantenmechanische Einschränkung ihrer Beweglichkeit spüren, sind die Elektronen. Ein Elektron ist nämlich knapp 2000-mal größer als der Kernbaustein Proton. Das liegt an der fundamentalen Beziehung zwischen Impuls und Ort. Deren Produkt entspricht einer Wirkung. Nach Max Planck ist die kleinste Wirkung aber eben nicht null, sondern sie entspricht dem Planckschen Wirkungsquantum. Aufgeschrieben hat diese Beziehung Werner Heisenberg im Jahr 1926. Diese nach ihm benannte Unbestimmtheitsrelation sagt etwas über die grundlegende »Körnigkeit« der empirischen Wirklichkeit aus: Der Abstand und damit der Ort, der maximal gemessen werden kann, entspricht dem Verhältnis von Planckschem Wirkungsquantum geteilt durch die Unschärfe im Impuls. Und dieser Impuls eines Teilchens entspricht dem Produkt von Masse und Geschwindigkeit. Je kleiner die Masse, desto größer ist dann die messbare Größe. Da das Elektron 1836-mal leichter ist als ein Proton, ist es um diesen Betrag größer. Man sollte gar nicht glauben, dass ein Proton trotzdem die gleiche Ladungsmenge besitzt.

Aus der Anwendung der Quantenmechanik auf ausgebrannte Sterne ergibt sich die Vorhersage, dass Sterne, die so schwer sind wie die Sonne, als Kugeln enden, in denen Elektronen so stark zusammengepresst sind, dass der Kollaps gestoppt wird. Die Protonen sind frei beweglich, doch die Elektronen sind in sogenannten Pauli-Doppelzimmern fest aneinandergebunden. Diese entartete Materieform nennt man »Weißer Zwerg«. Unsere Sonne wird zum Weißen Zwerg schrumpfen, zu einer Kugel, die ein wenig größer ist als die Erde, aber immer noch eine Sonnenmasse hat. Sie ist weiß, weil sie zunächst noch sehr heiß ist, nämlich einige Zehntausend Kelvin, und kühlt dann langsam ab. Die maximale Masse eines Weißen Zwergs beträgt rund 1,5 Sonnenmassen.

Was passiert mit Sternen, die schwerer sind? In ihnen werden auch die Protonen entartet und spüren ihre gegenseitigen quantenmechanischen Eigenschaften. Zusammen mit den Elektronen bilden sich dann entartete Neutronen. Und in Sternen, die bis zu achtmal schwerer sein können als die Sonne, formt sich im Zentrum eine rund 10 Kilometer große Kugel aus Neutronen. Den Vorgang, der zur Entstehung von Neutronen führt, kennt man als inversen Beta-Zerfall.

Diese schweren Sterne durchlaufen noch deutlich energiereichere Brennphasen als unsere Sonne, und schließlich, wenn die stellaren Riesen beim Eisen angekommen sind, explodieren sie als Supernovae. Im Zentrum verbleibt dann der kleine Rest als Neutronenstern. Er ist höchstens knapp dreimal so schwer wie die Sonne, hat durch den Kollaps den gesamten Drehimpuls des Sterns in sich aufgenommen und dreht sich deshalb rasend schnell. Man kennt Neutronensterne, die sich in einer Millisekunde um die eigene Achse drehen. Gemessen hat man diese rotierenden Kugeln nur deshalb, weil sie sich als extrem präzise Radiosignalgeber, sogenannte Pulsare, zu erkennen geben. Die Intensität ihrer Radiopulse ist so hoch, dass man sie zeitlich sehr stark auflösen kann, bis in den Nanosekundenbereich. Man kann also Objektgrößen beobachten, die zwar 6000 Lichtjahre von uns entfernt sind, aber nur 60 Zentimeter groß.

Neutronensterne sind die letzte materielle Barriere gegen die Wucht und Wirkung der Schwerkraft. Die entartete Materie der Neutronensterne und Weißen Zwerge bildet die letzten noch leuchtenden Nachrichten vom Rand der erkennbaren Wirklichkeit. Danach, bei noch schwereren Sternen, beginnt das dunkle Reich der Schwarzen Löcher. Wenn etwa der Sternenrest von Sternen, die ursprünglich 20 oder 30 Sonnenmassen schwer waren, schwerer wird als drei Sonnenmassen, dann gibt es kein Halten mehr, keine quantenmechanische Schranke mehr: Es entsteht im

Inneren ein Schwarzes Loch. Das ist dann wirklich der Rand der erkennbaren Wirklichkeit.

Materie im Universum liegt als leuchtende Materie und als Dunkle Materie vor. Die entartete Materie ist auch leuchtende Materie, aber eine ganz besondere Form, die wir im Labor nicht erzeugen können. Und die entartete Materie ist auch ein ganz wichtiger natürlicher Hinweis auf die extreme Präzision und damit Richtigkeit der Quantenmechanik. Diese merkwürdigen Materiezustände der Sternleichen wurden von der Quantenmechanik vorhergesagt, und zwar lange bevor Erstere entdeckt wurden. Auch die Neutronensterne, die Pulsare, sind ein Postulat der theoretischen Überlegungen der 1930er-Jahre, tatsächlich entdeckt wurden sie jedoch erst 1967 – und das auch nur zufällig, als Jocelyn Bell auf der Suche nach noch unbekannten Störquellen am Himmel war und ihr erster Vortrag über diese Beobachtungen von ihren Kollegen noch mit »Little Green Man« betitelt wurde. Man hatte nämlich zunächst noch keine Ahnung, wie diese äußerst präzisen Radiosignale am Himmel zustande gekommen sein könnten.

Gerade also an der äußersten Kante der materiellen Welt spielt der Zufall eine Rolle, wie übrigens die Astronomie generell von solchen Zufallsbeobachtungen sehr profitiert hat. Denn erkenntnistheoretisch ist es natürlich etwas ganz Besonderes, wenn jemand etwas entdeckt, wonach er nie gesucht hat. Auch die kosmische Hintergrundstrahlung, der strahlende Überrest des Urknalls, verdankt ihre Entdeckung dem Zufall. Sie wurde von Wissenschaftlern gefunden, die lediglich Antennen testeten und dabei feststellten, dass sie, gleichgültig, wohin sie ihre Antennen ausrichteten, ein Signal empfingen: das Signal des Urknalls. In ihrem Empfänger hörten sie es als ein Brummen. Brummende Materie gibt es aber nur hier auf der Erde und ebenfalls lachende Materie, die auch mal einen Witz versteht. Kennen Sie den: Es gibt *luminous matter*, *dark matter* und *it doesn't matter*.

15

DIE GRENZE: DIE SCHWARZEN LÖCHER

Man muss sich das einmal wirklich überlegen: In zehnjähriger harter gedanklicher Auseinandersetzung gelingt es einem Menschen, eine mathematische Theorie zu entwerfen, die die fundamentalste Kraft beschreibt, die alle Lebewesen im Universum erfahren und kennen. Denn diese Kraft, die Gravitation, die Schwerkraft, hält uns auf dem Boden, versucht uns ins Innere des Planeten zu ziehen, hält die Gase unserer Atmosphäre fest, balanciert die Planetenbahnen, sorgt für die Stabilität der Sonne, hält die Milchstraße zusammen. Sie wirkt überall im Universum, ausgehend von massebehafteten Körpern.

Der Großmeister aus der Gilde der theoretischen Physiker, Albert Einstein, beschrieb diese Kraft mit der Hilfe und den Eigenschaften einer mathematischen Struktur, eines erfundenen Konstrukts, der sogenannten Raumzeit. In seiner Allgemeinen Relativitätstheorie geht er der Frage nach, was die Anwesenheit massebehafteter Körper für die Kombination aus Raum und Zeit bedeutet. Er übernahm verschiedene erfolgreiche Konzepte seiner Speziellen Relativitätstheorie, vor allem die Annahme, dass die Lichtgeschwindigkeit vom Bewegungszustand einer Lichtquelle völlig unabhängig ist. Die sich daraus ergebenden Konsequenzen einer durchweg konstanten Lichtgeschwindigkeit für die Konzepte von Raum und Zeit in Bezug auf gleichförmig sich bewegende

Systeme übersetzte Einstein in den Bereich beschleunigter Bezugssysteme. Er behauptete, dass Gravitation einem beschleunigten Bezugssystem entspricht, oder anders formuliert: Man kann grundsätzlich nicht unterscheiden zwischen schwerer Masse und träger Masse. Die eine kommt durch die Anwesenheit einer gravitativ wirkenden Masse zustande, die andere durch reine Beschleunigung eines Bezugssystems, zum Beispiel eines Fahrstuhls, Raumschiffs oder Karussells. Einstein zog daraus die Konsequenz, dass die Gleichheit von Gravitation und beschleunigtem Bezugssystem beobachtbare Konsequenzen haben muss. Er behauptete, dass die Anwesenheit eines mit Ruhemasse behafteten Körpers die geometrischen Eigenschaften der Umgebung dahin gehend verändert, dass Lichtstrahlen gekrümmt werden. In der Nähe besonders schwerer Körper wie etwa von Sternen sollte diese Lichtstrahlveränderung zu messen sein.

Hier in Kurzform die Geschichte der ersten vier Jahre einer Theorie, die die Physik in ihren Grundfesten erschütterte: 1915 erschien Einsteins erster Artikel über seine Relativitätstheorie, und nur wenige Wochen danach präsentierte Karl Schwarzschild eine Lösung. Er löste die Einsteinschen Feldgleichungen für eine sphärisch symmetrische Massenverteilung und formulierte damit die Geometrie, die sich um eine Kugel herum bilden muss. Man spricht dabei von der Schwarzschild-Metrik. Das ist die Form der Raumzeit, die durch die Anwesenheit einer solchen Masse entsteht. Nur vier Jahre später bestätigte Sir Arthur Eddington die Lichtablenkung durch die Anwesenheit von schweren Massen mittels der scheinbaren Positionsveränderungen von Sternen, deren Lichtstrahlen ganz nahe an der verfinsterten Sonne vorbeilaufen. Damit war alles vorhanden, was wir brauchten.

Wir werden diesen Satz immer wieder neu kennenlernen: Die Masse krümmt den Raum, und der gekrümmte Raum schreibt der Masse und der Strahlung ihre Bewegungen vor. Die Schwerkraftfelder beeinflussen eben auch die Ausbreitung von Strahlung, und unter Umständen können die Lichtstrahlen so stark gekrümmt werden, dass sie aus einem Objekt nicht mehr herauskommen. Dann hätten wir sie: die Schwarzen Löcher.

Schwarze Löcher sind zunächst rein theoretische Gebilde und die Antwort auf die Frage, ob es Objekte geben könnte, die sich vollständig vom Universum isolieren. Kann es sein, dass das, was das Universum nach der Allgemeinen Relativitätstheorie ausmacht, diese Konstruktion namens Raumzeit, sich um einen Körper herum komplett schließt und damit für immer unzugänglich ist? Objekte, die keinerlei Aufschluss mehr über das geben, was sich in ihnen abspielt, weil noch nicht einmal elektromagnetische Strahlung in irgendeiner Form sie verlassen kann? Diese Objekte, Schwarze Löcher genannt, sind das Ende in jedem Sinne – Materie hat sich darin so weit verdichtet und zusammengezogen, dass keinerlei Information mehr nach außen dringt.

Den Radius, innerhalb dessen das passiert, in Abhängigkeit von der Masse, hatte Schwarzschild bereits 1915 berechnet, es ist der nach ihm benannte Schwarzschild-Radius. Für eine Sonnenmasse von rund 10^{30} Kilogramm betrüge dieser Radius drei Kilometer. Das heißt, ein Körper wie die Sonne mit immerhin 333 000 Erdmassen müsste auf drei Kilometer Radius zusammenschrumpfen, um ein Schwarzes Loch zu werden. Heute hat die Sonne einen Radius von 700 000 Kilometern. Offensichtlich ist sie weit entfernt von diesem absoluten Endzustand der Materie im Universum. Denn dieser Endzustand ist in der Tat absolut. Er bedeutet nämlich, dass innerhalb eines Schwarzen Loches keine andere Kraft mehr wirkt als die Gravitation. Sie ist die einzige noch verbliebene Wirkung, die auch der Außenraum spürt: die Schwerkraftwirkung des Schwarzen Loches. Von allem anderen wissen wir nichts, gar nichts. Selbstverständlich können wir keinerlei Messungen in Schwarzen Löchern durchführen. Was uns bleibt, ist die Annahme, dass alle Strukturgesetze über den Aufbau der Materie, die Wechselwirkung von Materie mit sich selbst und mit der elektromagnetischen Strahlung etc. tatsächlich innerhalb dieses Schwarzschild-Radius noch gültig sind. Doch ob das wirklich der Fall ist, können wir nicht wissen.

Die Vorstellung, dass ein Mensch, nämlich Albert Einstein, in der Lage ist, eine Theorie für die absoluten Endprodukte aller materiellen Möglichkeiten zu formulieren, ist atemberaubend. Die Allgemeine Relativitätstheorie ist eine mathematische Konstruktion für beschleunigte Bezugssysteme, während sich die Spezielle Relativitätstheorie nur mit gleichförmig bewegten Bezugssystemen beschäftigt. Für die Erweiterung zu der allgemeineren Theorie hat Einstein zehn Jahre gebraucht. Heute wissen wir, dass dies eine Theorie für die absonderlichsten Objekte des Kosmos darstellt. Diese Objekte sind so merkwürdig, dass sie sich sogar in Raum und Zeit von diesem Universum isolieren. Und sie ist in allen ihren Vorhersagen so gut bestätigt, wie es technisch überhaupt nur möglich ist. Eine einmalige intellektuelle Leistung.

Dass wir uns nicht falsch verstehen: Auch die Quantenmechanik ist eine großartige Theorie. Sie erklärt die Eigenschaften der Materie in allen nur denkbaren Einzelheiten und wird ebenfalls auf jedem nur möglichen Präzisionsniveau, sei es im Labor durch Experimente, sei es in Beschleunigeranlagen, bestätigt. Sie erklärt die Atome, ihre Kernbausteine, deren Zerfallsmöglichkeiten und Reaktionsketten, auch die Wechselwirkung mit elektromagnetischer Strahlung. Und die Formulierung der Quantenfeldtheorien setzt einen sehr hohen Abstraktionsgrad voraus, denn die Dinge im Innersten der Materie haben mit unserem Alltag nichts mehr zu tun. Gleichwohl passieren sie hier bei uns auf der Erde.

Die Allgemeine Relativitätstheorie ist da etwas ganz anderes. Sie ist eine Theorie, die etwas über die Dimensionen Raum und Zeit aussagt, eine Theorie, die von der schieren Anwesenheit des

Gegebenen, der Materie, und zwar ganz egal welcher, profitiert. Sie beschreibt das pure materielle Sein, die Anwesenheit von Materie und ihre Konsequenzen. Mathematisch ist sie völlig anders aufgebaut als die Quantenfeldtheorien. Die Allgemeine Relativitätstheorie ist die Theorie des ganz Großen, der gewaltigsten Massen und Kräfte, die es geben kann. Kräfte, die zugleich Raum und Zeit in Wallung versetzen und als Wellen mit Lichtgeschwindigkeit durchs Universum rasen. Gravitationswellen, ausgelöst durch die Verschmelzung von Schwarzen Löchern, sind sozusagen die Krönung. Die absurdesten Objekte, die aus der Masse riesiger Sterne geboren werden, die nach dem Ende der Kernverschmelzung unter der Wirkung ihrer eigenen Masse allmählich Raum und Zeit so in sich hineinziehen, dass sie nichts mehr mit dem Rest des Kosmos zu tun haben, verschmelzen miteinander. Dabei wird Masse direkt in die Energie von Gravitationswellen verwandelt.

Aber wie kam man eigentlich darauf, dass es diese Objekte da draußen tatsächlich gibt? Ich hatte weiter oben schon davon gesprochen, dass es entartete Materie gibt. Einerseits existiert sie in der Form von Weißen Zwergen, planetengroßen Sternleichen, in denen die Elektronen auf unnormale, eben entartete Weise zusammengepresst werden. Dann gibt es die nur wenige Kilometer großen Neutronensterne, entartete Kernmaterie, die so dicht ist wie sonst nur Atomkerne. Diese Form der unnormalen Materie entsteht, weil die Teilchen tatsächlich quantenmechanischen Verbotsregeln gehorchen. Es ist ein großer Erfolg des menschlichen Intellekts, an dieser Grenze der erkennbaren Wirklichkeit solche Regeln zu identifizieren und sie mithilfe von Experimenten bzw. mit Beobachtungen im ganzen Universum bestätigt zu finden.

Die Neutronensterne sind die letzte stabile Form von Materie, bevor nur noch die Schwerkraft zuschlägt, die ohne Ausnahme auf alle massebehafteten Teilchen wirkt. Sie presst alles zusammen, ohne Chance des Widerstands, ab einer bestimmten Masse kann sie durch keine andere Kraft im Universum mehr überwunden werden. Neutronensterne sind sozusagen die letzte Bastion vor dem Höllenschlund der Schwarzen Löcher. Nur noch ein wenig Masse hinzugefügt, und aus einem Neutronenstern wird schlagartig ein Schwarzes Loch, das nur noch durch die Gravitation dominiert wird.

Es gab einmal Gerüchte darüber, dass es eine Art Mittelding zwischen Neutronensternen und Schwarzen Löchern geben soll. Das sollten Sterne aus Quarks sein, den Elementarteilchen, die die Kernbausteine aufbauen. Doch diese Theorie hat sich nie bestätigt.

Wie erwähnt beschreibt der nach Karl Schwarzschild benannte Radius die Grenze zwischen Kosmos und Objekt. Daraus ergibt sich die Frage, ob es Sterne in der Milchstraße gibt, die sich von einer strahlenden Gaskugel in ein dunkles Loch verwandelt haben. Wie könnte man sie finden? Natürlich nur aufgrund der letzten Verbindung, die die Schwarzen Löcher noch mit dem Rest des Universums haben. Das ist ihre Schwerkraftwirkung auf ihre unmittelbare Umgebung, denn da wirken sie wirklich stark. Und vielleicht sogar aufgrund ihrer Rotation. Das ist allerdings eine sehr komplizierte Angelegenheit. Die mathematische Lösung der Allgemeinen Relativitätstheorie für ein rotierendes Schwarzes Loch wurde erst Anfang der 1960er-Jahre gefunden, fast 50 Jahre nach der Formulierung der Theorie.

1963 rückten die Schwarzen Löcher jedoch wieder verstärkt in den Fokus der Astronomie. In jenem Jahr entdeckte der Astronom Maarten Schmidt ein Objekt am Himmel, das so hell war wie ein Stern in der Milchstraße. Aus der Rotverschiebung seiner Spektrallinien ergab sich indes eine Entfernung von 2,5 Milliarden Lichtjahren. Obwohl dieses Objekt also sehr weit entfernt war, erschien es am Himmel so hell wie ein Stern. Die beobachtete Helligkeit entspricht bekanntlich seiner Leuchtkraft geteilt durch das Quadrat der Entfernung. Mit anderen Worten: Bei solch einer Helligkeit und großen Entfernung musste die Leuchtkraft des Objekts ungeheuer hoch sein.

Schmidt schaffte es damals sogar auf die Titelseite des *Time Magazine*. Er hatte nämlich nicht nur das Objekt entdeckt, sondern aus seinen Helligkeitsschwankungen auch dessen Größe bestimmen können. Die Helligkeit schwankte sehr kurzfristig und erhöhte oder verringerte sich innerhalb eines Monats. Da sich keine Wirkung schneller als mit Lichtgeschwindigkeit zu bewegen vermag, kann die geometrische Größe des strahlenden Objekts nicht größer sein als ein Lichtmonat. Das ist ein wenig größer als das Sonnensystem, aber kleiner als die Oortsche Wolke, die etwa ein Lichtjahr weit entfernt ist. Die berechnete Leuchtkraft des Objekts betrug eine Billion Sonnenleuchtkräfte. Eine Billion Sonnenleuchtkräfte aus einem Gebiet, das kaum größer ist als das Sonnensystem. Woher kommt die abgestrahlte Energie? Könnten es eine Billion Sterne sein oder eine Milliarde sehr große Sterne, die einfach viel, viel leuchtkräftiger sind als die Sonne? Diese Sterne würden dann allerdings so dicht beieinanderstehen, dass ihre gegenseitige Schwerkraftwirkung sie zusammenstürzen lassen würde. Die Gravitation ist bekanntlich nicht abschirmbar. Nichts könnte den Kollaps der Sterne zu einem riesigen Schwarzen Loch verhindern.

Zum ersten Mal in der Geschichte der Astronomie musste man die bis dahin zwar als mathematisch möglich geltenden, aber physikalisch von vielen für undenkbar gehaltenen Schwarzen Löcher als reale Möglichkeit erwägen – vielleicht sogar als die einzige Möglichkeit, um solche gigantischen Energiemengen freizusetzen. Der sehr geringe Wirkungsgrad der stellaren Kernfusion von weniger als einem Prozent hätte als Erklärung für das von Schmidt beobachtete Phänomen nicht ausgereicht. Ganz anders die Akkretion, die Zunahme, von Materie in Scheiben rund um Schwarze Löcher. Das kompakte Schwarze Loch zieht dabei das Scheibenmaterial zu sich heran. Andererseits hat das Material Drehimpuls, deswegen sammelt es sich in einer Scheibe um das Schwarze Loch an, reibt sich dort und verliert seinen Drehimpuls. Deshalb fällt das Scheibenmaterial allmählich zum Schwarzen Loch hin, und dabei wird Materie in Energie verwandelt und abgestrahlt.

Zur Zeit der Entdeckung dieser sehr hellen Objekte, die man quasi-stellare Objekte, kurz Quasare, nennt, gewann man in der Allgemeinen Relativitätstheorie eine wichtige Erkenntnis: Hat ein Schwarzes Loch Drehimpuls, so ist der Wirkungsgrad der Materie-Energie-Verwandlung maximal, nämlich 40 Prozent. Die Drehbewegung ist der natürliche, weil unvermeidliche Zustand für Schwarze Löcher, die Material aufnehmen, das noch ein wenig Drehimpuls besitzt. Da nichts aus den Löchern herausgelangt, sammelt sich so mit der Zeit Drehimpuls im Schwarzen Loch bis zu einem Maximalwert an.

Schlussendlich kam man darauf, dass Quasare durch folgendes Szenario erklärt werden können: Im Zentrum befindet sich ein Schwarzes Loch von mehreren Millionen, möglicherweise sogar Milliarden Sonnenmassen, das Jahr für Jahr eine bis zehn Sonnenmassen an Gas zu sich heranzieht und aufnimmt. Dabei wird das Gas aufgeheizt, und es kommt zur Emission von einer Billion und mehr Sonnenleuchtkräften. Großartig. Und was auch noch passiert: Da das Material in der Scheibe heiß ist, wird es ionisiert sein. Rotierende Ladungen aber entsprechen elektrischen Strömen, die Magnetfelder erzeugen. Solche Magnetfelder erklären dann auch die großen Gasströmungen, die aus den Zentren der Galaxien herausschießen, die in ihrer Mitte die Quasare beherbergen.

Das von Maarten Schmidt entdeckte Objekt heißt übrigens 3C 273 und wurde als Radioquelle identifiziert. Die in diesem Katalog aufgeführten Objekte haben Ausströmungen, die sich als mehrere Tausend, manchmal sogar mehrere Millionen Lichtjahre lange Jets im Radiobereich zeigen und deren Quelle im Zentrum des Quasars liegen muss. Doch das sind eher unwichtige Details. Wichtig an der Geschichte von 3C 273 war vielmehr, dass hier zum ersten Mal in der Astronomie ein Schwarzes Loch als Arbeitshypothese verwendet wurde, und zwar als einzig denkbare und plausible. Von da an wurden Schwarze Löcher immer wieder bei sehr hohen Leuchtkräften, die aus den zentralen Bereichen von Galaxien abgestrahlt werden, als Erklärung herangezogen. Quasare sind eine Klasse der sogenannten aktiven galaktischen Kerne. Ihre Leuchtkraft im Zentrum überstrahlt die Leuchtkraft der sie beherbergenden Galaxie bei Weitem. Ohne Schwarze Löcher wären diese Phänomene nicht zu erklären.

Viele Jahre nach der ersten Entdeckung 1963 wurde im galaktischen Zentrum ein Schwarzes Loch beobachtet. Allerdings ist es bei Weitem nicht so leuchtkräftig wie im Falle von Quasaren. Das Schwarze Loch in unserer Milchstraße akkretiert zu wenig Masse, als dass es eine nennenswerte Strahlungsleistung emittieren könnte. Noch später konnte man aus den Bewegungen von Sternen um das Schwarze Loch dessen Masse sehr genau bestimmen: Es ist ca. 4,5 Millionen Sonnenmassen schwer.

Eine interessante Überlegung betrifft die nötigen Massen von Schwarzen Löchern und der Massemenge, die sie jedes Jahr in sich aufnehmen. Wenn ein Schwarzes Loch über 100 Millionen Jahre jedes Jahr eine Sonnenmasse fräße, wäre es schließlich 100 Millionen Sonnenmassen schwer. Damit werden zugleich Leuchtkraft und Masse eines superschweren Schwarzen Loches in Zentren von Galaxien erklärt. Das ist eine wichtige Erkenntnis, denn eigentlich sind Schwarze Löcher ja Sternleichen, und die sollten nie schwerer sein als maximal vielleicht hundert Sonnenmassen. Superschwere Schwarze Löcher hingegen wachsen mit der Zeit erst auf große Massen von bis zu 10 Milliarden Sonnenmassen an. Heute sind wir völlig sicher, dass es tatsächlich die großen Schwarzen Löcher in den aktiven galaktischen Kernen gibt.

Nun stellt sich die Frage: Was hat denn das alles mit uns zu tun? Bei uns ist ja kein Schwarzes Loch in der Nähe! Es geht um die Fähigkeit der Erkenntnis auch über extreme Naturzustände. Wir sollten uns noch einmal ins Gedächtnis rufen, dass wir dank der Allgemeinen Relativitätstheorie in der Lage sind, fundamentale Aussagen über die Welt auch in ihrer extremsten Form zu machen und zu verstehen. Wir haben grundlegende Erkenntnisse über die Natur der Objekte im gesamten Kosmos gewonnen. Und erst unlängst haben wir es geschafft, mithilfe einer Technologie, deren Grundlagen aus der Quantenmechanik stammen, nämlich mit großen Laserinterferometern, den direkten Nachweis dafür zu erbringen, dass das abstrakte Konstrukt von Einstein, nämlich die Raumzeit, tatsächlich existiert. Und dass diese Raumzeit sogar schwingt!

In den letzten Jahren gelang es den Astronomen, Gravitationswellen nachzuweisen, die sich aus der Verschmelzung von Schwarzen Löchern, aber auch von Neutronensternen sehr präzise erklären lassen. Der Nachweis ist höchst diffizil – Gravitationswellen schlagen sich auf der Erde in einer Längenveränderung von lediglich einem Tausendstel Protonenradius, also einem Trillionstel Meter, nieder. Für diese Spitzenleistung der Astrophysik gab es 2017 zu Recht den Nobelpreis. Der entscheidende Punkt – und darauf möchte ich hinaus – ist jedoch, dass man die Allgemeine Relativitätstheorie mit einem Instrument überprüft hat, das mit ihr eigentlich nichts zu tun hat, sondern aus der Quantenmechanik stammt. Hier zeigt sich, wie diese beiden Bereiche miteinander verbunden sind. Doch zugleich verweist das auch auf ein riesiges Problem: dass wir nämlich die Quantenmechanik selbst gar nicht mehr überprüfen können. Denn wir können nur Instrumente benutzen, die aus Materie bestehen. Und da wir die Wechselwirkung von Licht bzw. ganz allgemein elektromagnetischer Strahlung ebenfalls quantenmechanisch, also in Quantenfeldtheorien, beschreiben, haben wir gar keine Theorien mehr, die es möglich machen könnten, un-

188

abhängig von den Quantenfeldtheorien diese zu überprüfen. Darin könnte eine gewisse Pointe liegen: Physik fängt auf einmal an, selbstreferenziell zu werden.

Doch bei der Allgemeinen Relativitätstheorie liegen wir noch auf Linie des kritischen Rationalismus, dem zufolge empirische Hypothesen an der Erfahrung scheitern können müssen. Theorien müssen kühn in ihren Hypothesen sein, und die Überprüfung durch Experimente und Beobachtung muss sehr sorgfältig und scharf ausfallen. Die Instrumente, mit denen die Messungen durchgeführt werden, sollten möglichst so beschaffen sein, dass sie von dem, was überprüft wird, nicht abhängig sind. Das gelingt uns bei den Gravitationswellen. Man sieht daran also, dass wir Menschen tatsächlich intellektuell in der Lage sind, an die Ränder der erkennbaren Wirklichkeit zu gehen. Und dass die Natur, das Universum, uns das alles bestätigt, ist einer der schönsten Momente der Wissenschaftsgeschichte.

16

WAS KÖNNEN WIR
VOM UNIVERSUM LERNEN?

Wir Menschen sind im Vergleich zum Universum ja recht klein. Das Universum ist über alle Maße riesig, da tun sich Abgründe an Raum und Zeit auf. Entfernungen werden in Lichtjahren gemessen und Abläufe in Millionen und Milliarden Jahren. Andererseits sind wir Menschen im Vergleich zu den Elementarteilchen riesig, hier werden Trillionstel Sekunden und Femtometer (10^{-15} Meter) gemessen. Es scheint gerade so, als ob die Menschen als Lebewesen in der Mitte zwischen dem Allerkleinsten und dem Allergrößten stehen. Beide Welten sind nahezu unergründlich weit von unserer Erfahrungswelt entfernt und bilden doch zugleich die notwendigen Bedingungen für die Existenz und Entwicklung von Lebewesen aller Couleur, auch der Menschen.

Wir leben weder in der Makrowelt der Sterne und Galaxien, in der sich die Zeiten und Räume in Millionen Jahren und Lichtjahren messen, noch in der Mikrowelt der Atome und Elementarteilchen, in der in Attosekunden und Femtometern gemessen wird. Nach dem Philosophen Gerhard Vollmer sind wir Bewohner der Welt der mittleren Dimensionen, er spricht von der Mesowelt, die in Meter-, Sekunden- und Kilogramm-Dimensionen vermessen wird. Umso erstaunlicher ist es, dass wir über Erkenntnisfähigkeiten verfügen, um uns diesen Rändern der erkennbaren Wirklichkeit effizient und effektiv zu nähern. Dadurch wurde es uns möglich, wissenschaftliche Informationen wieder auf unsere Erfahrungswelt herunterzubrechen und uns zu fragen: Was bedeutet das? Denn in der Tat muss man immer wieder darauf hinweisen: In den empirischen Wissenschaften und namentlich in der Physik spielt natürlich die Mathematik als das Informationskompressionsverfahren schlechthin eine überragende Rolle. Wir benutzen hauptsächlich Gleichungen mit symbolischen Variablen, also veränderliche abstrakte mathematische Konstruktionen, um Informationen zu komprimieren, so weit es eben geht.

Wir verdichten den Möglichkeitsraum natürlicher Phänomene, weil wir sonst nicht darüber sprechen können. Vor allem werden Differenzialgleichungen verwendet, sie stellen die zeitlichen und räumlichen Änderungen einer möglichst messbaren physikalischen Variablen dar – zum Beispiel den Ort eines Objektes, wie er sich mit der Zeit verändert, weil sich das Objekt bewegt. Und die zeitliche Änderung des Ortes heißt Geschwindigkeit. Wenn die sich auch ändert mit der Zeit, wird das Objekt beschleunigt. Die Beschleunigung ist also die zweifache Veränderung des Ortes mit der Zeit und hängt deswegen quadratisch von der Zeit ab. Beschleunigung entspricht einer Kraft, die wiederum zeitlich und räumlich variieren kann. So entsteht ein die mechanische Welt beschreibendes Geflecht von Differenzialgleichungen.

Die Gesetze der Natur haben immer die Form, dass eine Größe sich mit der Zeit unter dem Einfluss von allen möglichen Kräften verändert. Zur wirklichen Lösung solcher Gleichungen benötigt man aber noch etwas zusätzlich. Es gibt nämlich eine ganze Reihe von Bedingungen, die in den Gleichungen selbst gar nicht enthalten sind. Diese müssen zusätzlich angenommen oder bestimmt werden. Das sind die Anfangsbedingungen und die Randbedingungen. Wir fragen uns also: In welchem räumlichen Umfeld findet ein Prozess statt, und was war davor? Spielt das Davor für den

Prozess, den ich momentan betrachte, überhaupt eine Rolle? Und dann sieht man, dass diese empirische Forschung auf merkwürdige Weise sehr puristisch ist, sehr radikal. Die Mathematik, die reine Mathematik liebt die reine Form, und das Experiment liebt eigentlich auch die reine Form, weil sich in dieser eben der zentrale, der grundlegende Effekt zeigen kann. Das hängt natürlich davon ab, wie gut und vollständig man einen solchen Effekt vor der widerspenstigen, störenden Wirklichkeit isolieren kann.

In Bezug auf solche Isolationsverfahren haben wir es tatsächlich zu großer Meisterschaft gebracht. Unsere grundlegendsten Entdeckungen über den Aufbau der Welt machten wir in Isolationskammern wie den großen Teilchenbeschleunigern. Dort wird, fast am absoluten Nullpunkt, im besten Vakuum und in starken Magnetfeldern, die Struktur der Materie untersucht. Was sich zum Beispiel im *Large Hadron Collider* (LHC), dem Teilchenbeschleuniger des Europäischen Kernforschungszentrums CERN in der Nähe von Genf, abspielt, ist dann Ergebnis der experimentellen Physik und trifft auch Aussagen über die Wirklichkeit, aber eben eine ganz besondere. Wir leben weder am absoluten Nullpunkt noch in starken Magnetfeldern und schon gar nicht im Vakuum. Unsere erlebte Wirklichkeit ist ganz anders. Sie ist geprägt vom Miteinander, physikalisch gesprochen von den Wechselwirkungen aller beteiligten materiellen und energetischen Strukturen auf allen räumlichen und zeitlichen Ebenen. Und sie ist widerspenstig, verflochten, komplex, vernetzt und vor allem ständig wirkend.

Während man ein Experiment immer wieder von vorne starten kann, läuft die Wirklichkeit ständig weiter. »Man kann nicht zweimal in denselben Fluss steigen«, so Heraklits Credo vor über 2500 Jahren. Für ihn waren das Grundlegende der Welt ihre Kreativität, die damit einhergehende ständige Veränderung und Verwandlung und die Entstehung neuer Eigenschaften.

Wie aber erklären wir die widerspenstige Wirklichkeit? Sie

ist offenbar der Normalfall. Wenn man von Natur spricht, dann spricht man von dieser widerspenstigen Wirklichkeit. Und in ihr haben wir uns auf diesem Planeten entwickelt. Dabei sind wir das Ergebnis einer zeitlich sehr weit zurückreichenden Entwicklung. Unsere Verbindung zu allen Lebewesen ist heute längst eindeutig geklärt. Alle biologischen Prozesse, und seien sie noch so klein und zart, wurden lange vor dem Auftreten des Menschen in zahllosen Generationen völlig unterschiedlicher Lebewesen »getestet«, sie wurden an den jeweils existierenden Umweltbedingungen erprobt. Alles, was dauerhaft erfolgreich war, blieb erhalten, wurde weitervererbt, weitervernetzt und weiterentwickelt. Wir sind das Ergebnis eines andauernden Wechselspiels zwischen Angebot und Nachfrage. Leben ist genau das, wovon Heraklit spricht: ununterbrochene Verwandlung und Aufrechterhaltung zugleich. Lebendige Wesen sind hoch organisierte komplexe Netzstrukturen, die in sich selbst die Bedingungen schaffen, die sie zum Leben brauchen. Die äußere Umgebung liefert Energie, Nährstoffe und die Herausforderung der Anpassung. Die inneren Strukturen verarbeiten, reagieren und verwandeln sich. Diese Kreativität der Materie erzeugte im Laufe der Evolution – und da sind wir bei uns selbst angekommen – bei aller biologischen Ähnlichkeit und Verwandtschaft mit allem anderen Leben auf der Erde eine ganz besondere Eigenschaft, nämlich die der Selbstreflexion und Simulation. Wir können uns vorstellen, wie etwas wäre, wie etwas sein könnte und was passiert, wenn wir etwas tun. In uns laufen alle drei Zeitformen ab. Wir erinnern uns, wir agieren jetzt, und wir können uns die Zukunft vorstellen. Das macht uns zu Suchenden, die nie aufhören können, weiter zu suchen. Egal, ob es um die kleinsten Teilchen geht oder um das Universum – unsere Neugier scheint unstillbar.

Menschen haben sogar schon das Schwerefeld der Erde verlassen und sind auf einem anderen Himmelskörper gelandet und herumgegangen. Ein paar davon habe ich persönlich getroffen.

17

MEIN GEBURTSTAG MIT DEN HELDEN

Ich bin Jahrgang 1960. Als die Amerikaner zum ersten Mal auf dem Mond landeten, war ich noch ein kleiner Junge. Sieben Tage vor meinem neunten Geburtstag standen Neil Armstrong und Edwin Aldrin auf dem Mond. Ich war total begeistert. Schon die anderen Apollo-Flüge waren ständig Thema in der Kneipe meiner Großeltern und im Fernsehen. Voller Stolz präsentierte ich die Zeitungsausschnitte über all meine Helden, eingeklebt in ein Schulheft. Der kahlköpfige Thomas Stafford, Kommandant der Vorgängermission Apollo 10, bei der sich die Mondlandefähre bis auf knapp 15 Kilometer der Mondoberfläche näherte, war mein ganz besonderer Held. In der Nacht der Mondlandung saßen mein Vater und ich im Hinterzimmer unserer Kneipe vor dem großen Fernsehapparat und sahen tatsächlich, zunächst undeutlich, aber dann immer klarer, zwei Männer in dicken Raumanzügen auf dem Mond. Ich habe mich sofort bei der NASA als Astronaut beworben. Fast 50 Jahre später entdeckte mein Schwager nach dem Tod meiner Mutter zwischen der gebügelten Bettwäsche einen Antwortbrief der NASA. Am 23. April 1970 hatte ich tatsächlich eine Antwort auf meine Bewerbung erhalten. Natürlich war es eine Absage. Ich war schon damals Brillenträger, und mein Passfoto war da eindeutig. Außerdem schrieb man mir höflich in ziemlich gutem Deutsch, ich sei ja nun mal Deutscher und könne deshalb kein US-Astronaut werden. Aber wenn ich mich so für das Weltall interessiere, dann solle ich doch Astronom werden. Na ja, einer NASA-Empfehlung muss man wohl folgen.

Ich wurde also Astronom, und am Abend meines 50. Geburtstags saß ich mit Neil Armstrong zusammen. Tatsächlich mit Neil Armstrong, und zwar im Servus TV-Fernsehstudio in Salzburg. Und auch Alexei Leonow, Thomas Reiter und Felix Baumgartner waren zugegen. Moderiert wurde die Talkrunde von Frank Schirrmacher. Thema des Abends: die Zukunft der bemannten Weltraumfahrt. Felix Baumgartner ist der Stratosphärenspringer, der aus knapp 39 Kilometern Höhe aus einer Kapsel abgesprungen ist, Alexei Leonow war der erste Mensch, der ein Raumschiff verlassen hat, und Thomas Reiter ist deutscher Astronaut mit sehr langen Aufenthalten auf der Internationalen Raumstation, der inzwischen als ESA-Generaldirektor fungiert. Und Neil Armstrong braucht man natürlich nicht vorzustellen: Er war der erste Mensch auf dem Mond. Ich saß also da in dieser Runde und dachte nur: Diese Männer haben tatsächlich das Weltall erlebt.

Wir sprachen lange über Perspektiven und Entwicklungen der modernen bemannten Raumfahrt, tranken auf den Weltfrieden, und ich fragte Neil Armstrong, wie es die Amerikaner damals geschafft haben, Ende der 1960er-Jahre, praktisch im Monatstakt eine Saturn-V-Rakete nach der anderen an die Startrampe zu fahren und loszufliegen. Seine Antwort: Natürlich gab es immer wieder Bedenkenträger, die mehr Testflüge forderten. Doch das ganze Apollo-Unternehmen war geprägt von einem starken Teamgeist. Und bei jeder Diskussion über Risiken und mögliche Verzögerungen stand am Ende das Argument: »Don't forget: end of the decade. Remember: end of the decade« – »Denk dran, es geht um das Ende dieses Jahrzehnts«. US-Präsident Kennedy hatte es im Mai 1961 in seiner großen Rede an der texanischen Rice University formuliert: »Bis zum Ende dieses Jahrzehnts werden wir jemanden auf den Mond und glücklich wieder nach Hause gebracht haben.«

Armstrong lächelte und sagte dann nur, das alles wäre heute völlig unmöglich. Alle am Tisch waren jedoch einer Meinung: dass wir Menschen ins Weltall *müssen*, vielleicht auch in der Tradition der Entdecker der letzten tausend Jahre. Diese nicht zu stillende Entdeckungslust und Neugier sind wohl der Antrieb, sich allen Widrigkeiten entgegenzustellen und sich auch noch hinter die nächste Düne zu wagen und nachzuschauen, ob da nicht doch noch irgendetwas ist, das man nicht kennt.

Bis zum Mond sind es fast 400 000 Kilometer, ein mehrere Tage langer Flug durch das absolute Nichts, voller Risiken und Gefahren. Das Weltall ist eine todbringende Umgebung, und nur wenige Zentimeter Aluminium oder irgendeines anderen Materials trennen die Astronautinnen und Astronauten von diesem tödlichen Vakuum. Doch diejenigen, die das Schwerefeld der Erde verlassen haben, konnten einen Blick auf unseren Heimatplaneten werfen. Sie waren begeistert davon, wie dieser Blaue Planet irgendwie auf geheimnisvolle Weise in totaler Schwärze hängt. Es gibt keine Verbindungsseile zwischen Erde und Mond, es gibt nur Wirkungen.

Die Astronauten haben die unsichtbaren Kräfte erfahren, aber auch ihre eigene Winzigkeit. Und trotzdem sind sie in einem kleinen spinnenartigen Gerät, kleiner als die »Santa Maria« des Christoph Kolumbus, auf einem tödlichen Himmelskörper gelandet. Der Mond hat keine Atmosphäre, man braucht als Mensch dort einen eigenen Schutzmantel – vor allem, wie Ed Mitchell von Apollo 14 einmal sagte, um zurückzublicken, um unseren Blauen Planeten einmal aus einer ganz anderen Perspektive zu betrachten. Aus einer Loge, die sonst niemand auf der Welt hatte, außer eben den Astronauten, die bis zum Mond geflogen sind.

Dabei stand das Apollo-Programm unter einem schlechten Vorzeichen. Während eines Tests kam es im Januar 1967 in einer

Apollo-Kapsel zu einem Brand, bei dem drei Astronauten ums Leben kamen. Der geplante Flug mit einer Testversion des neuen Apollo-Raumschiffs wurde gestrichen, und in monatelangen Untersuchungen wurde das amerikanische Mondlandeprogramm gründlich überprüft. Erst im Oktober 1968 startete mit Apollo 7 der nächste bemannte Raumflug der NASA mit der verbesserten zweiten Generation des Apollo-Raumschiffs. Im Dezember 1968 folgte dann der erste bemannte Flug mit der Saturn V, der größten und leistungsfähigsten jemals gebauten Rakete. Sie war in der Lage, mittels ihrer dritten Stufe Menschen aus dem Schwerefeld der Erde zu bringen.

Die NASA schickte ihre erste Saturn-V-Crew direkt zum Mond. Die drei Astronauten erreichten unseren Trabanten an Weihnachten 1968. Sie umrundeten ihn zehnmal, und bei dieser Gelegenheit sahen Frank Borman, Bill Anders und James Lovell die Erde über dem Mond aufgehen. Drei Tage zuvor hatten sie als erste Menschen den ganzen Planeten Erde mit eigenen Augen gesehen. Ein epochales Foto ging damals um die Welt: unser Blauer Planet in der Schwärze des Alls. James Lovell, der schon im April 1970 erneut mit Apollo 13 zum Mond flog und einer Katastrophe nur knapp entkam, prägte den Satz: »Du streckst deinen Arm aus, und dann verschwindet die Erde hinter deinem Daumennagel. Alle Menschen, die du liebst, alles, was dir wert und lieb ist, verschwindet dahinter, alles.« Heute spricht man vom Overview-Effekt, dessen überwältigendem Eindruck sich keiner, der jemals im Weltall war, entziehen konnte. Unisono berichten alle, die jemals da oben waren, dass sie spüren, ein Teil von etwas ganz Großem zu sein. Sie fühlen sich mit der Welt verbunden, von der sie kommen.

Uns, die wir sprichwörtlich auf dem Boden der Tatsachen geblieben sind, fehlt diese sinnliche Erfahrung des globalen, planetaren Respekts. Wir sind nicht vertraut mit der Schönheit des ganzen Planeten, seiner Besonderheit und, wer weiß, vielleicht sogar seiner Einzigartigkeit. Hin und wieder nur übermannt uns ein Gefühl, mit allem verbunden zu sein. Dabei wäre es ganz leicht, mittels wissenschaftlicher Erkenntnisse sogar auf ganz rationale Weise solche Verbindungen zu erkennen. Denn bereits das Blatt eines Baumes, unter dessen Schatten man den Sommertag genießt, verweist auf den Kosmos. Es setzt mithilfe des Lichts des Sterns, der 150 Millionen Kilometer von uns entfernt ist, Sauerstoff frei. Bei jedem Stück Materie in und um uns können wir uns fragen: Woher kommt der Stoff, woher kommen die chemischen Elemente, aus denen er besteht? Wer weiß, aus welcher Tiefe der Milchstraße die Atome stammen? Zwar gibt es starke Hinweise darauf, dass unser Sonnensystem auch das Resultat einer Supernova-Explosion ist, die wenige Millionen Jahre vor seiner Entstehung stattgefunden hat. Doch wer weiß – vielleicht gibt es Elemente, die aus viel älteren Sternengenerationen stammen. Eines ist ganz sicher: Wasserstoff entstand in den ersten Minuten des Universums.

Man darf sich durchaus solchen Gedanken hingeben. Sie machen deutlich, in welchem Ausmaß die Natur die Grundlage unserer Lebensmöglichkeiten ist. Schon ein kurzer Blick auf unsere Umwelt verrät, wie sehr wir die Natur inzwischen verändert haben und damit unsere Lebensgrundlagen gefährden. Ich empfehle als Denkspiel, sechs Streichhölzer zu nehmen und folgende Aufgabe zu lösen: Kann man mit sechs Streichhölzern vier gleichseitige Dreiecke legen oder aufbauen, deren Seitenlänge der Länge eines Streichholzes entspricht? In zwei Dimensionen ist das unmöglich. Wer versucht, die Hölzer auf einer Tischplatte anzuordnen, wird scheitern. In drei Dimensionen hingegen ist das ganz einfach.

Übertragen auf das Problem, wie der Mensch mit Natur umgeht, heißt das: Wir müssen einen Gedankensprung in eine andere Dimension wagen. Stattdessen sind wir offenbar immer noch eher bereit, in alten Denkschemata verhaftet zu bleiben und nach irgendwelchen offensichtlich unmöglichen Lösungen zu suchen.

Dabei ist längst allen wissenschaftlich aufgeschlossenen Menschen klar, dass wir uns in eine Menschheit transformieren müssen, die in der Lage ist, Natur zu respektieren. Wir müssen aus der Umwelt eine *Mitwelt* machen. Schließlich nennt ja auch niemand die Menschen, mit denen er oder sie zusammenlebt, »Umbewohner«, sondern natürlich Mitbewohner. Wir müssen viel mehr in einen Dialog mit der Natur treten. So wie die Astronauten, die unseren Planeten von oben gesehen haben, seinen fantastischen Charakter wahrgenommen und persönlich gespürt haben. Einer rief aus: »Da oben wirst du ganz ruhig, ganz sanft und ganz großzügig gegenüber dir selbst und allen anderen.« Da oben in der Schwärze und Leere des Weltalls, da ist unser Glück. Das Glück, das ist hier auf der Erde.

EPILOG

Menschen sind merkwürdige Wesen. Sie sind ein Teil der Natur, sie bestehen aus Molekülen, benötigen Energie und Nahrung. Und doch sind sie auch *über* der Natur, denn sie können sich Grenzen setzen, und zwar aus Gründen, die nicht in der Natur zu finden sind, sondern nur in den Menschen selbst. Ihr Leben ist eigentlich nichts anderes als orientierte Lebensbewältigung. Die Werkzeuge für die Bewältigung der Probleme des Lebens liefert die Wissenschaft, für Orientierung aber sorgen Literatur, Musik, Kunst, Philosophie und Religion. Einen Außerirdischen würde ich nie danach fragen, welche Naturgesetze auf seinem Planeten gelten. Es sind dieselben wie bei uns. Das ist meine feste Überzeugung. Aber ich würde gern von ihm wissen, welche Musik er hört, welche Bilder auf seinem Planeten gemalt werden, welche Märchen er seinen Kindern erzählt und an was er glaubt.

Denn auf wirklich wunderbare und unerklärliche Weise sind wir Menschen auch ein Teil des größtmöglichen schöpferischen Aktes, der sich offenbar seit fast 14 Milliarden Jahren vollzieht. Die Wissenschaften liefern uns Erklärungen, das Niveau dieser Erklärungen wird immer höher, die Beobachtungen immer genauer, das theoretische Verständnis immer tiefer. Und doch bleibt ein ungestilltes Verlangen nach einer Deutung des Ganzen und unserer Rolle darin. Das Universum ist offenbar geschaffen, um sich selbst zu schaffen, aus sich selbst heraus zu schöpfen. Goethe beschrieb diesen Eindruck mit den Worten:

»Wir können bei der Betrachtung des Weltgebäudes, in seiner weitesten Ausdehnung, uns der Vorstellung nicht erwehren, dass dem Ganzen eine Idee zum Grunde liege, wonach Gott in der Natur, die Natur in Gott von Ewigkeit zu Ewigkeit schaffen und wirken möge.«

REGISTER